成功体験は9割捨てる

9

成功經驗都要拋棄！

讓你避開成功帶來的四大陷阱，
打造持續創新的商業模式

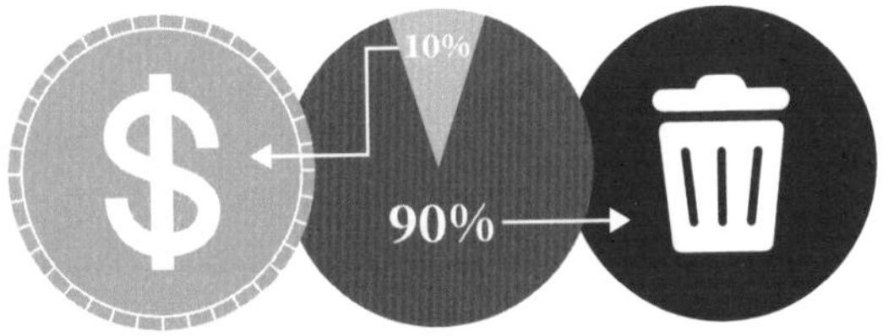

以前明明是有效的解藥，卻可能是導向未來失敗的毒藥

志水浩——著　尤莉——譯

「成功，是最差勁的老師。」

前言 13
成就的源頭 13
成功經驗的黑暗面（陰暗面） 15
持續成功的人的共同點是什麼？ 16
改寫成功經驗 18

第1章

成功的反噬 ～成功經驗所帶來的害處 21

成功經驗的四種負面影響 23
▼固執、束縛、自負、停止思考 23
迷戀過去成功經驗的「固執陷阱」 26
▼隨身聽的負面成功經驗 26
▼全球第一公司掉進的陷阱 30

不僅是組織，連個人也會深陷其中的「固執陷阱」 32
▼干預總經理工作的董事長 32
▼過度自信導致組織的混亂 34
▼造成「有名無實管理者」的心態 36
▼童年經歷所造成的影響 39
無法擺脫過去成功因素的「束縛陷阱」 43
▼對目標過度保證 43
▼不斷滿足客戶需求的結果 46
▼成功的資源阻礙了發展 50
導致失敗的「自負陷阱」 53
▼「業力」所造成的黑暗面 53
▼招牌帶來的自負 54
▼當優秀人才成為阻礙 56
▼總經理的默許使情況更加惡化 58

阻礙下一次成功的「停止思考陷阱」 61
▼成功會讓人失去思考的能力 61
▼優秀領導者反而會毀掉下屬 66
另一種掉入「停止思考陷阱」的模式 70
▼創造一個「說得出口」的環境。 70
▼被不在場的人影響的「幽靈現象」 73

第2章 為何會產生成功的黑暗面？

75
形成黑暗面的五大因素 77
▼人類會產生錯覺 77
心靈上的有色眼鏡① ～用「認知心理學」分析原因～ 79
▼導致誤判的偏見 79

心靈上的有色眼鏡②～容易產生黑暗面的原因～ 84
▼「保持現狀就好」的負面影響 84
▼質疑先入為主的觀念和願望 89
「精益求精文化」的陷阱～從「文化、風土」分析原因～ 93
▼日本文化的影響 93
▼日本人有很強的「成就導向」 96
▼在沒有結果的道路上勇往直前 98
員工無法認知到自己的「角色」～從「角色認識」分析原因～ 103
▼能夠意識到問題的能力 103
▼「目標」不具體 105
▼環境改變，角色也會跟著改變 107
看不到成功的真正原因～從「成功分析」分析原因～ 110
▼分析本質 110

▼該改變的事、不該改變的事 114

「揣測上意」和「明哲保身」導致停滯不前 118
～從「人類行為原理」分析原因～
▼「揣測上意」會毀掉領導者 118
▼總經理導致了員工「說不出口」的局面 120
▼毀掉組織的「習得性失助」 124

第3章
克服黑暗面的「關鍵」 127

「觀察」是打破常識的關鍵 129
▼關鍵在於「第一線」 129

擺脫「內部常識」的束縛 133
▼不是「去第一線」，而是「成為第一線」 133

▼解除思考停止狀態 136
▼打造自律的人才和團體 138

重視小問題和不自在感 141
▼脫離赤字困境 141
▼關注「一%」 143

持續帶給組織「波動」 146
▼懷疑「業界常識」 146
▼改革是由「外人」、「年輕人」和「笨蛋」負責進行的 148

動之以「情」～某公司繼承人的實例～ 151
▼無人發言的高層會議 151
▼自己先採取行動 154

將激情和熱情傳播給周圍的人 157
▼無聲的努力讓人感動 157
▼以「情誼」贏得員工信任 159
與利害關係人的「對話」 163
▼重生的丸井百貨 163
▼基於「共創管理」的對話 166
▼透過與員工對話改變組織文化 168
第4章
創造一個超越黑暗面的未來 171
懷疑「假設」，不斷質疑真正的目的 173
▼假設是錯的 173
▼被過高目標壓垮的業務人員 176

讓批判性思維成為一種習慣 179
▼養成去除「無意識假設」的習慣 179
▼傳統技術與新點子結合 181
▼批判性思維的重點 183

管理每個人的「個性」 186
▼瞭解人類行為 186
▼自我圖的性格傾向 190

用自我圖來進行管理 197
▼牢記「黑暗面」 197
▼打造一個截長補短的組織 199

領導者應該率先「失敗」 201
▼「失敗後重新站起」的能力是競爭力的源泉 201

營造適度的壓力狀態 204
▼使人成長的「挑戰圈」 204
▼當發現空隙時，就施加挑戰 206
改變「時間感」，引入「異端份子」 209
▼高速執行ＰＤＣＡ循環 209
▼故意引進「異端份子」 212
瞭解妄想的機制 215
▼賦予意義左右了情緒和行為 215
消除「九成的妄想」 223
▼對某人的印象不佳時，通常會往壞的方向想 223
後記 227
參考文獻 235

前言

成就的源頭

成功經驗是我們在商業世界獲得成果，及有意義的人生中不可或缺的因素。

加拿大心理學家亞伯特．班度拉（Albert Bandura）提出了自我效能（self-efficacy）的概念。自我效能是指「只要我表現和努力，就能做很多事情，並且能做得更好」的信念。

自我效能感高的人，即使遇到困難，也會因為對自己有著堅定的信念，所以能夠繼續努力，克服困難。而由於獲得了相對應的成果，所以對「只要努力就能做到！」更加深信不疑；這也為他們提供了面對更艱難挑戰的精神力。

相對地，自我效能感低的人即使只是遇到一點挫折，也會陷入「我果然不行」的心態。即使只要再努力一點就能克服這道阻礙，他們依然會放棄，然後陷入自責做不到、失去信心的惡性循環中。

作為一名組織和人力資源開發顧問，我接觸過各種各樣的商務人士。我發現高績效者和低績效者間的差別不是在於技能或知識，而是在自我效能感的高低上。

那該如何培養自我效能感呢？

答案就是「成功經驗」。

成就的源頭可說是來自於成功經驗的積累（質×量）。

成功經驗的黑暗面（陰暗面）

然而只要有光明，就會有陰影。光線越強，陰影益發黑暗。世上很多事物都是由「光影法則」形成的，正面因素中隱含著風險。這點成功經驗也不例外。

畫家畢卡索留下了這樣一句話：

「成功是危險的。當你開始複製自己的成功，就會讓自己缺少創造性。」

成功經驗無法創造新的思想和智慧。當我們取得了成功，我們就失去了冷靜判斷的能力。即使環境產生了變化，我們依然複製成功經驗，使自己走上失敗之路。

畢卡索是這樣描述成功經驗的黑暗面的。

任何人都有可能墮入黑暗面。當一個組織或個人經歷的成功越多，就越需要意識到這一點。正如畢卡索所言，由於對成功缺乏客觀的分析，導致該繼續的不繼續，該改變的不改變。這會讓人陷入狹隘的心態，進而做出錯誤的決定。他們會變得粗心大意，忽略事物的變化；並且由於受制於當初成功的因素，無法做出準確的判斷。

從古到今，全世界各式各樣的組織和人們皆是如此落入成功經驗的黑暗面。

持續成功的人的共同點是什麼？

織田信長是眾所皆知的歷史人物。而他最著名的戰役，大概就是「桶狹間之戰」了。

雖受到鄰國大大名[1]今川義元率領二・五萬人的軍隊入侵領地，但織田信長利用約三〇〇〇人的部隊發動突襲，成功擊敗今川義元，取得了此戰的勝利。這場戰役奠定了織田信長的知名度和他身為戰國大名的地位。

對於織田信長來說，以少勝多，出其不意地擊敗大軍的「桶狹間之戰」是一個強而有力的成功經驗。然而直到織田信長在本能寺離世為止，他終其一生未再嘗試以少勝多的戰術。織田信長不像畢卡索所說的那樣，試圖「複製成功經驗」。

在「桶狹間之戰」以後，織田信長集結比敵人更多的兵力，佔據有利的地形作戰。當面對強大的敵人時，他試圖透過外交政策和離間之計來削弱敵方的戰力，讓形勢變得對己方有利後才開始作戰。他後來不再複製像「桶狹間之戰」的戰役，這就是織田信長能夠留名青史的原因。

1 大名指的是日本封建時代統治一個令制國的諸侯（地方領主），而勢力範圍較一般大名更大，廣達數個令制國的大名又可稱為大大名。

有位公司經營者曾經說過：「能夠持續成功的人，都是那些能夠放棄成功經驗的人。」像織田信長一樣，在各個領域和崗位上不斷取得成功的人，都會冷靜面對自己的成功經驗，並根據環境的變化靈活地改變自己的思考方式和行動。

改寫成功經驗

在接下來的時代，如漫畫中描寫的那些天馬行空的技術將陸續被開發出來並投入實際應用，例如自動駕駛、飛天汽車、再生醫學，甚至是能進行自我修復的智慧型材料（smart material）。

當一台量子電腦能在三分鐘內解決一個超級電腦需要一萬年才能解決的計算問題時，這個如漫畫般的世界將瞬間成為現實。科技技術的發展將改變幾乎所有行業和行業型態的商業模式。

無論是企業還是個人，要想在這個時代繼續取得成功，關鍵因素在於「能否養成改寫成功經驗的習慣。將自己基於過去成功經驗的下意識思考和行動，配合環境的變化進行改寫」。

本書的第1章將會舉實際的企業和人物的例子，用四個不同面向的觀點闡述負面成功經驗。

在第2章中，我將會解釋為何會出現負面的成功經驗，並用心理學和組織管理系統等來找出原因。

第3章介紹了行業、組織和個人的案例，透過質疑成功經驗，促進變革，進而取得成功。

第4章介紹了如何成為一個能夠不被成功經驗束縛、不斷取得成果的企業家和領導者的關鍵，以及打造能夠不斷創新的團隊和組織的要領。

「最終能生存下來的物種，不是最強的、也不是最聰明的，而是最能適應改變的物種。」

引用自提倡進化論的達爾文的適者生存法則，既適用於企業，也適用於個人。

然而，實際上能夠不斷改變的人並不多。

阻礙改變的一個重要因素就是成功經驗。

希望本書能協助你消除負面的成功經驗，並幫助你獲得持續的成功。

二〇二〇年五月

志水　浩

第 1 章

成功的反噬

~成功經驗所帶來的害處

成功經驗的四種負面影響

▼固執、束縛、自負、停止思考

負面的成功經驗可以概括為四大方面（見下頁圖）。

首先是**「固執陷阱」（尚可繼續症候群）**。

這就是固守過去的成功，不顧組織和自己周圍不斷變化的環境，持續無視「需要改變之事」的陷阱。

如果把一隻青蛙放在一鍋水裡，逐漸提高溫度，青蛙就會在沒有察覺到溫度變化的情況下被沸水燙死。這就是所謂的「溫水煮青蛙」現象。而這就是負面影響。

成功經驗的四種負面影響

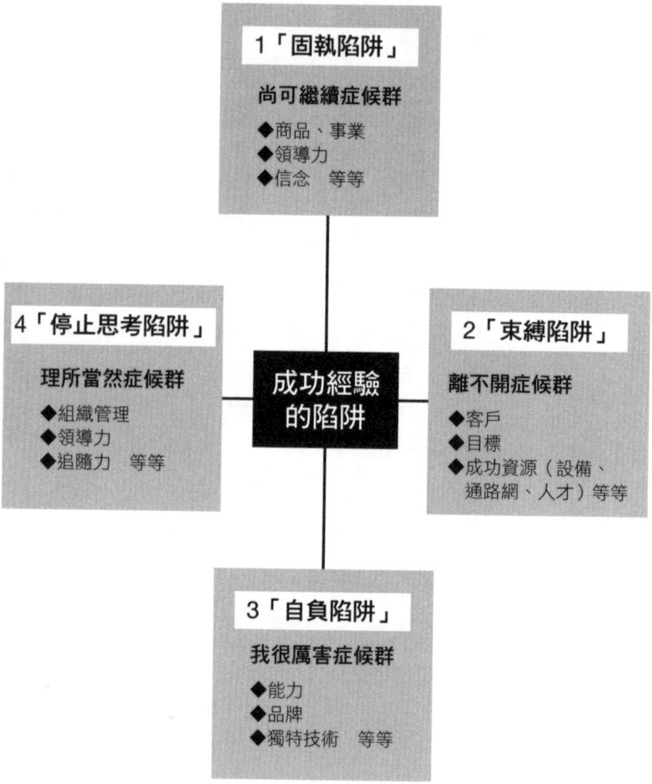

其次是**「束縛陷阱」（離不開症候群）**。

在這個陷阱中，作為成功原動力的資源和價值觀反而成為阻礙變革的絆腳石。這是日本人特別容易出現的一種模式。

還有就是**「自負陷阱」（我很厲害症候群）**。

蘋果公司創始人賈伯斯曾經說過：「成功的時候，必須要注意的就是一個名叫傲慢的顧客。」獲得成功以後，我們會不自覺地變得自負。

最後一個是**「停止思考陷阱」（理所當然症候群）**。

這種情況下，成功經驗就會成為我們思維和行為上的制約或前提，對個人和組織產生負面影響。

讓我們結合實例逐一檢視吧！

首先，是「固執陷阱」（尚可繼續症候群）。

迷戀過去成功經驗的「固執陷阱」

▼隨身聽的負面成功經驗

索尼（Sony）在一九七四年推出的隨身聽（Walkman）是一款真正的革命性產品。

在當時人們聽音樂的方式，不是用音響聽黑膠唱片，就是用卡式收音機播放錄音帶。

在家裡用音響聽音樂的時候，甚至帶著卡式收音機出門的時候，基本上都是靜止狀態。

這時，隨身聽出現了。顧名思義，這款產品讓使用者可以在行走和移動的過程中，用輕巧的耳機聆聽錄音帶的音樂。隨身聽在全球大受歡迎。

後來在與飛利浦共同開發時，索尼推出了CD（Compact Disc）。然後在一九九二年，索尼開始販售只有CD一半大小，不易受振動影響，也更容易編輯音樂的MD（Mini Disc）。CD和MD作為欣賞音樂的新媒體受到大眾廣泛的接受。

至此，索尼無疑是音樂產業的領導者和主導者。

接著出現了賈伯斯帶領的蘋果公司。

蘋果公司原本一直與音樂無緣，但後來推出了可說是音樂專用迷你電腦的iPod及iTunes，便開始進入了音樂市場。

iPod和iTunes改變了音樂體驗，使用者可以隨身攜帶一〇〇〇首歌曲，並以隨機播放（shuffle）方式播放，因此使用者永遠不知道何時會播放一首歌。而後蘋果公司在iTunes商店上推出了下載服務，僅僅一周之內的下載量便達到了一〇〇〇萬次。這比之前所有提供下載服務的公司銷售的歌曲總數還要多。

自此以後，蘋果公司掌控了數位音樂的發行權，並迅速成為音樂產業的龍頭。

雖然索尼慘敗給蘋果公司，但事實上索尼比蘋果公司還早開始推出了音樂下載服務。一般人很容易以為蘋果公司最早開始提供音樂下載服務，但其實它是後來才加入的。

為什麼索尼處於音樂行業的中心位置，並且在音樂發行方面提供了最先端的服務，卻仍然輸給了蘋果公司？

原因就是隨身聽的成功經驗。

就如同索尼過去用隨身聽改變了人們聽音樂的方式一樣，蘋果公司從根本上改變了人們聽音樂的方式，不用再帶CD和MD，只需要音樂播放機跟可連網的iTunes商店。

儘管在這種狀況下，索尼仍然投入了大量的管理資源來推廣傳統的MD隨身聽。

在任職期間負責重建索尼個人聲音（personal audio）業務的Google日本前社長辻野晃一郎在其著書《谷歌的斷捨離》中寫道：

「當我開始與開發團隊交談，我感到非常驚訝。即使個人聲音的定義正在發生變化，人們聽音樂的方式也正發生根本性的改變；開發團隊仍然堅持可以用『好音質』、『電池壽命』或是『防水功能』扳回一成。」

儘管遊戲規則發生了改變，競爭方式也發生了變化，但索尼失敗的根本原因在於，他們被**成功經驗所延伸出的對科技技術的追求**所蒙蔽。

▼全球第一公司掉進的陷阱

同樣的事情不僅發生在音樂行業，也發生在相機行業。

過去人們通常是把底片裝進相機、拍好照片，到相片館沖洗，然後領取沖洗好的相片。

這種對底片的需求在二〇〇〇年時達到巔峰。而後在數位化的過程中，開啟了用數位相機和手機拍照的時代。十年後的二〇一〇年，底片的需求量驟減為巔峰期的十分之一。二〇一四年時底片的需求量已經降到顛峰期的百分之一。

在這種趨勢下，世界上最大的底片製造商柯達於二〇一二年申請破產保護。柯達曾經是擁有高達十五萬名員工的大企業，但就這樣破產了。

其實柯達是世上第一家在一九七五年就開發出數位相機原型機的公司，比經常被拿來與柯達相提並論的富士底片還早了十年。

柯達並不是沒有適應數位化潮流，而是在很早期就採取了因應環境變化的措施。而且柯達還將觸角延伸到包括影印機、化學藥品、醫藥品、醫療用數位影像設備和資訊系統等，富士底片也進行了上述的多角化戰略，據稱是該公司成功的關鍵。

那為什麼柯達會破產呢？

原因是底片市場被幾家公司寡頭壟斷，獲利率很高；而且製作底片需要高度的技術，所以柯達選擇陸續出售旗下的多元化業務，專注於底片業務。

沒有正視環境的變化，而是一味地被優勢和利潤率所蒙蔽雙眼，繼續以一廂情願的方式進行經營管理。就是這種認為**「還可以繼續」的一廂情願想法**最終造成了柯達的失敗。

不僅是組織，連個人也會深陷其中的「固執陷阱」

▼干預總經理工作的董事長

到目前為止我們講的都是企業組織的例子，現在我們來看關於個人陷入固執陷阱的例子。

有某家在二戰不久後成立的塗料廠商，它以十人的經營規模持續了一段時間。後來創始人的兒子，也就是（現任）董事長加入了公司。他曾在一家大型塗料製造商的研發部門工作了七年左右。

他負責公司產品的研發，開發了一系列以耐熱領域為主的特殊塗料。這時正值耐熱領域的市場拓展期，公司的業務也隨之擴大。

他在公司工作的十年間，年銷售額增長為原本的六倍，這一年，當時三十九歲的他被任命為總經理。在接下來的二十五年中，公司的年銷售額也增長為他加入公司前的三十倍以上。

然而隨著年齡的增長，他開始考慮繼承問題。由於他沒有小孩，本來想到把公司交給員工，但又找不到合適人選可以接手管理。

於是，他找上了自己的侄子，也就是姐姐的大兒子。那位姪子原本是在大型汽車製造商上班的精英，為這件事也苦惱了很久，最後還是決定加入公司；因為他的爺爺，也就是公司的創始人很疼愛他。

姪子進入公司後，先後在業務部、生產管理部、總務和人力資源部工作。與此同時，他主導了包括檢討業務政策、改造生產管理制度、制定人事考核制度等改革。讓公司穩步發展，也讓自上而下的昭和式企業結構開始發生變化。

隨後，他獲得過半的股份轉讓，並擔任總經理兼常務董事職務。原本的總經理從董事會卸任，擔任董事長一職。

然而，一個「意想不到」的情況出現了。

本來一直認同總經理改革的董事長開始「翻臉」。

▼過度自信導致組織的混亂

雖然公司制定了人事考核制度，照理說應該按照制度對員工進行升職，但董事長卻無視制度，只提拔部分員工，並在董事會上提出明顯不合理的人事案。董事長甚至提出要將那些從年輕時就跟著他打拚的董事提拔為副總經理或常務董事，完全不徵求總經理的意見。

總經理自然是持反對意見。但由於制度才剛改，不適合讓員工看到董事長與總經理之間意見不合；所以事情最終就在社長妥協下落幕了。

然而過了一陣子，公司與某個主要供應商間出現了問題。總經理親自出馬，本來按照他的方案，問題應該會得到解決。然而，董事長卻反對這個解決方案。董事長自行去找供應商，提出了與總經理完全不同的政策重新談判。

與此同時，各種結算都被董事長控制的董事們把持，不讓結算送到總經理辦公室。此外，總經理一手培養的專案也被搞得不成原形。

就時候，總經理憑著前份工作人脈找來的生產部門部長提出了辭呈。原因是由於董事長的施壓，使得部長的政策時常被前線人員推翻。

總經理為避免雙方持續對立造成組織進一步混亂，便決定盡量不進辦公室。本以為這樣可以平息公司內部的動盪，但事實並非如此。

實體股票並不在總經理手中，而是由公司保管。董事長聲稱不記得自己轉讓過持股。

這讓總經理無法接受。總經理是以個人名義向銀行貸款，有償取得股權。而董事長稱那是不法行為，最後案件鬧上法院。

由於不法行為無論怎麼看都不合理，並沒有證據表明總經理從事過不法行為。最後，總經理理所當然地贏得了這場官司。

然而在這場風波中，許多理解並致力於總經理改革的人才離開了公司。結果就是各部門的業務出現問題，麻煩事頻頻發生，甚至還出現了傷害事件。

毫無疑問，如果當初沒有董事長，公司就沒辦法成長到現有的規模。然而，他對權力的執著，以及成功經驗造成他過於相信自己，卻導致了悲劇。

▼造成「有名無實管理者」的心態

接下來我想和大家分享一個關於A先生的故事。A先生屬於管理階層，我曾經和他一起進行過培訓課程。

A先生是一個從年輕時就累積了不少突出成就的業務員。特別是兩年前，當公司進軍全新產業時，他利用了自己的業務技巧，開發了一個又一個的大客戶，打下了新事業的基礎，並得到了管理團隊的高度評價。

在A先生參加的培訓課程中，進行了「三六〇度評價問卷調查」。問卷調查事前要求A先生本人及他的上司、下屬（通常皆為兩人以上）回答二十～三十個問題的四階段評價表，對他作為管理者的績效評分。

在培訓課程的過程中，問卷調查的結果會回饋給學員，讓學員審視自己與上司、下屬之間認知差距的原因，並思考如何提高自己的績效。

學員會四人一組，在小組內披露問卷調查的結果，並逐一分享和接受周圍人的建議和輔導。

A先生在「下屬培訓和指導」這項，無論是上司或下屬，都給他很低的評價。在收到問卷回饋後，如果結果不理想，人們會在一定程度上受到衝擊，並可能會產生責怪他人或過度自責的情緒。A先生剛開始很吃驚，並一直責怪他人。不過一旦人們發洩完責怪他人的情緒後，就會冷靜下來面對結果。

之後A先生平靜地接受了問卷調查的結果，他說：「由於我指導無方和支持不足，我和他們沒有建立起信任關係，成為了一個對下屬沒有影響力的『有名無實管理者』」。

當時，日本企業任命員工為名義上的管理者，並以此為藉口不支付加班費的現象十分猖獗。讓這些人變成「有名無實管理者」，以及企業管理的方式都是很大的問題。

A先生之所以這樣描述自己，是因為他認識到自己雖然跟上述的定義不太一樣，但也成了一個「有名無實的管理者」。

那到底為什麼會落入對下屬指導無方和支持不足的「有名無實管理者」的陷阱呢？我試著找尋原因。

▼童年經歷所造成的影響

當我問A先生為什麼會變成「有名無實管理者」時，他答道：「因為我跟下屬間的溝通不足，我看不出應該要教什麼，或什麼時候要支持他們。」

那為什麼不溝通呢？當我要求他進一步審視自己的內心時，我發現了

●「想要逃避不擅長或麻煩事」的心理。

不喜歡指導他人一直是A先生的弱點。同時身為球員兼教練的他忙於工作，所以避免指導下屬這種既麻煩又費時的事。

如果深入瞭解會發現，

- 他覺得從過去的經驗來看，「指導他人很困難，也沒有什麼用」。

A先生過往的經驗中，無論如何努力指導，下屬都無法獲得成果或毫無成長。透過和組員及我的對話，A先生開始意識到自己有這種感覺。

之後，我們聊了又聊。

- 他小時候就有這種「自己的事自己負責」的觀念。

這就是不指導下屬的A先生的**基本心態（根據自己過去的經驗所形成的固定觀點和思維方式）**。

A先生的父母很嚴厲，由於雙親皆忙於工作，即使向他們訴說問題和煩惱，也只會要他「自己想辦法」，不把他當回事。

結果就是造成A先生這種「自己的事要自己思考和行動」的固定思維。

進入社會後，比起在上司、前輩的指導下學習，A先生反而是靠著自律及努力累積成績，取得今天的地位。

雖然從小培養如何獨立是件好事，但由於他認為別人也該「有身為商務人士的自覺，自己的事自己負責」，所以陷入了不給下屬指導和支持的境地。

聽完這個故事後，其中一位組員問A先生：「你的父母雖然有問題，但當你的父母不把你當回事的時候，你是什麼感覺？」

A先生低下頭，沉默了一會兒。

當問話的人對他突如其來的反應感到不知所措時，A先生終於開口答道：「我很反感。」

然後他繼續說道。

「我也有孩子，我本來以為自己永遠不會變成那樣的父母，但回過神來，我做的事情就跟我的父母一模一樣。我對下屬也是如此。我想我讓身邊的人有跟自己小時候一樣的感覺是不對的。」

A先生決定要改變自己過往的做法。

在A先生的案例中，由於他「自己的事要自己負責」來自於從小就形成的思維模式，讓他獲得了成功。但如果管理者以這種心態對待下屬，就無法發揮管理的作用。

因此必須根據自己所要扮演的角色來發展、改寫自己的思維方式。

無法擺脫過去成功因素的「束縛陷阱」

▼對目標過度保證

成功的第二個黑暗面是「束縛陷阱」（離不開症候群）。

產品、客戶、物流網等管理資源，以及理念、哲學、企業文化等價值觀，這些一直以來推動企業發展的力量，都可能成為變革的絆腳石。

得益於備受關注的「保證有效果」廣告而實現快速增長的RIZAP，在截至二〇一九年三月的會計年度中，淨虧損達到一九三〇億日元，面臨了非常困難的時期。

造成這種局面的直接原因是公司的併購戰略，似乎沒有與核心業務產生協同效應（synergy）。

RIZAP總共收購了八十七家公司，其中包括九家上市公司，例如遊戲／音樂／圖書零售商新星堂、負責TSUTAYA加盟事業的Wonder Collaboration公司、免費報紙公司Pado、以牛仔褲為主的服裝零售商Jeans Mate等。

RIZAP在二〇一五年公佈的中期經營計畫中，表示要「以自我投資行業為業務領域，幫助所有人過上更健康、更美好的生活。」然而，RIZAP收購的很多公司與這一說法相去甚遠。

為什麼要進行這些併購？原因就在於公司被收購時產生的「負面商譽」。

讓我簡單解釋一下「負面商譽」。

公司的資產（公司擁有的現金、建築物等財產）減去負債（公司需要償還的債務），就是公司的淨資產（資本、累計利潤以及公司不需要向他人償還的其他資金）。例如，某公司的資產為十億日元，負債為九億日元，則其淨資產為一億日元。

一般來說，在併購中，要支付溢價，以高於淨資產的價格收購公司。例如，當一家淨資產為一億日元的公司以二億日元的價格被收購時，為增加金額而支付的一億日元稱為「商譽費（正面商譽）」。但有時也會出現以低於淨資產的價格收購的情況。如果以五千萬日元的價格收購一家淨資產為一億日元的公司，則這五千萬日元會被算入收益中。這筆金額就是「負面商譽」。

透過收購多家公司，RIZAP利用「負面商譽」來增加利潤數字。不過，這些產生負面商譽的公司當然也有著黑暗面。

應邀幫助RIZAP翻身的Calbee公司前總裁松本晃說：「我們的一些子公司屬於不景氣的行業，也有不少公司瀕臨崩壞邊緣。」

在RIZAP快速發展的背後是，在公司擴張的同時，也面臨著未來可能出現的巨額虧損。

為什麼會做出令人這種匪夷所思的經營管理？我想，原因很諷刺地就出在於以健身起家的RIZAP的「保證有效果」上。

在二〇一五年的中期經營計畫中，RIZAP制定了「六年後的二〇二一年，集團銷售額要達到三〇〇〇億日元，營業收入達到三五〇億日元」的目標。RIZAP仍然致力於實現這些目標。但由於**受制於目標，公司可能走上了不合理的經營管理之路**。

▼不斷滿足客戶需求的結果

汽車製造商福特公司的創始人亨利・福特講述了以下故事：

「當世界上還沒有汽車的時候，如果你問人們：『你想要什麼樣的交通工具？』他們會說：『一匹更快的馬』。」

傾聽客戶的聲音，努力滿足客戶的需求，是企業管理的常態。然而，光影法則在這裡也起了作用。

正如亨利・福特所說，如果只聽從顧客的聲音，最終只會找到並養出一匹跑得快的馬。用生產線方式製造大規模廉價汽車的創新思路將不會誕生。受制於客戶的需求，將無法應對環境的變化。

半導體被稱為工業界的核心。一九七一年，英特爾公司開發了DRAM（動態隨機存取記憶體），這是一種用於存儲電腦處理資料的革命性產品。

一九七〇年代，英特爾等美國公司主導了DRAM市場。但到了八〇年代，隨著DRAM應用於大型電腦，日本開始凌駕美國之上。到了一九八六年，日本企業在全球市場的佔有率達到了八〇%。

當時，DRAM被應用於大型電腦和電話交換設備中，製造商客戶要求高性能和高品質。日本企業不斷滿足這些客戶的需求，最終開發生產出了保固長達二十五年的DRAM，其性能水準是美國企業無法比擬的，使其具有壓倒性的競爭優勢。

此後，日本的量產工廠普遍生產二十五年保固的高品質DRAM，公司更進一步追求極致的技術。

然而，在一九九〇年代，縮小尺寸的潮流到來，開啟了個人電腦的時代。當時已經不再需要二十五年保固的高品質DRAM，而是需要提供價格低廉的個人電腦用DRAM。

但日本企業為了滿足大型電腦廠商等大客戶的需求，不斷生產高品質的DRAM，追求技術的極致。因此，他們不得不在個人電腦上使用高品質二十五年保固的DRAM。這很顯然是品質過剩。當時廉價的韓國製DRAM和其他按個人電腦所需規格製造的產品便席捲了市場。

一九九七年的全球暢銷書的《創新的兩難》（*The Innovator's Dilemma*，商周出版）中，作者克雷頓・克里斯汀生（Clayton M. Christensen）教授描述了**優秀公司即使擁有良好的經營管理仍會失敗**。

「開發的技術將隨著客戶需求不斷提高產品性能」，這就是所謂的「持續性創新」。

然而隨著時代的變遷，出現了性能較差，但成本更低或具有其他功能的產品。隨著時間的推移，這些「破壞性創新」創造了越來越大的市場，取代了高性能、高品質的產品。克雷頓・克里斯汀生教授透過各種行業實例來描述這種現象。

日本半導體廠商的傾倒就是一個例子，就如同《創新的兩難》一書中的敘述。這就是**受制於客戶，繼續做「好產品」**的結果。

▼成功的資源阻礙了發展

綜合超市（或稱大型超市，英文為General Merchandise Stores，簡稱GMS）如今在日本陷入苦戰。

他們設立大型店鋪，提供各種類型的商品，並開設大量店面。

透過大量銷售，他們能夠降低採購成本。昭和（西元一九二六－一九八九年）的成功模式在平成（西元一九八九－二〇一九年）開始停滯不前，到了令和（西元二〇一九年至今），企業裁員的消息越來越多，開始進入全面汰換的時代。

時任GMS龍頭企業永旺（AEON）的社長岡田元也，在公布二〇一九年第二季財報時表示：「如果問我現今的永旺能否因應變化做出改變，我只能說我們的進度還遠遠落後。」

另一方面，折扣店「唐吉訶德」因其獨特的陳列方式和對第一線人員的授權，實現了每家店舖的獨特性，連續三十個季度獲利成長。以SPA模式[1]下取得長足進步的傢俱和室內用品零售商「宜得利」（Nitori），也達成連續三十三個季度獲利成長。

與這些活力四射的零售商相比，綜合超市對目標客戶的認識普遍模糊，因此無法實施有效的應對措施。

而綜合超市對線上購物的反應也完全落後。他們之所以害怕，是因為有著大量實體店面。

綜合超市擔心，如果專注於線上購物，會導致「蠶食」影響到店鋪業績。很多店面會被迫削減成本，不進行必要的投資（在人力資源、設備等方面），導致失去競爭力，這似乎讓他們望而卻步。

1　從商品策劃、生產到零售一體化控制的銷售形式。

昔日的**店面資產是他們成功的關鍵**，現在卻成為他們的阻礙。

同樣，擁有優衣庫（Uniqlo）等多家實體店面的迅銷公司（First Retailing），也將自己的業務重新定義為「資訊和製造零售商」，並向全球招聘ＩＴ工程師，將業務內化，迅速推廣數位技術的應用。董事長柳井正曾宣稱：「我們將把電子商務（ＥＣ）作為核心業務」。

綜合超市的業務型態也被迫開始進行重大轉型。

導致失敗的「自負陷阱」

▼「業力」所造成的黑暗面

「祇園精舍的鐘聲，敲出人生無常的響聲；娑羅雙樹的花色，顯示盛極必衰的道理。驕奢者不久長，猶似春夢；強梁者必消逝，恰如輕塵[2]。」

這是小說《平家物語》的開頭。日本有很多諺語和俗語都是告誡人們不要妄自尊大的，如「越結實的稻穗，頭垂的越低」、「勝而不驕」等。包括本章一開始提

2　周作人譯。

到的賈伯斯在內，古今中外皆留下了告誡人們不要自大的話語。

成功經驗的第三個黑暗面**「自負陷阱」（我真厲害症候群），可能是最嚴重的「業力」**。

讓我們來看看一些成功經驗造成的「自負」及其後果的例子。

▼招牌帶來的自負

二〇〇一年，夏普推出AQUOS液晶彩色電視，造成空前的熱賣旋風。當時的總經理宣佈，計畫「在二〇〇五年之前將所有電視機從映像管替換為液晶」，並在龜山工廠生產大型液晶。

二〇〇四年，夏普液晶AV設備部門的銷售額為八三七四億日元。四年後的二〇〇八年，銷售額為一兆五九八二億日元。成長了將近一倍。

順帶一提，日本三重縣龜山市之所以出名，是因為很多消費者到電子零售店要求購買龜山工廠生產的電視。三重縣龜山市一舉成名，「龜山型號」作為「日本製造」（Made in Japan）的招牌風靡市場。

然而，已經達到成功巔峰的夏普，卻因為成功經驗的黑暗面而倒下。

導火線是對大阪堺工廠的投資。直至今日，很多人都在評論堺工廠，大多數人認為「為保持領先地位，新工廠的投資是必要的。」但問題在於投資的金額。

堺工廠占地是甲子園體育場的三十三倍，投資的資金是龜山第一工廠的四倍。由於投資的攤銷，固定成本上升。另外，由於採用了與龜山工廠相同的工藝，在生產技術上沒有進行革新，所以無法實現降低成本。

結果，夏普因為這次投資，被臺灣的鴻海精密工業收購。

如果我們冷靜分析市場，對競爭對手進行預測，就會知道在市場處於擴張階段，價格有下降壓力的情況下，如果進行大手筆的投資是很難盈利的。

然而，公司並沒有做出這樣冷靜的決定。當年推出「全球的龜山型號」時，對「日本製造」這塊招牌的過度自信，導致誤判。

▼當優秀人才成為阻礙

有時，優秀的人才反而會成為公司發展的阻礙。

我第一次見到B先生是在他當科長的時候。當時公司正在舉辦中層員工培訓課程，B先生是其中的一員。

B先生在小組中領導其他成員，迅速完成了團隊任務。

在休息時間和課後，他經常會來找我這個講師問問題。甚至在培訓結束後，他還用電子郵件寄培訓作業的進度報告給我。他的熱情態度讓我留下了深刻的印象。

正因為他這樣的性格，在工作中自然會取得優秀成果。上級對他讚譽有加，第二年就被提拔為科長。在之後的一、兩年內，他被總經理，也就是公司的創始人選中，負責新事業。下面是我後來聽到的故事。

經歷過的人都知道，開始一項新事業非常艱難。每天都是從錯誤中摸索。不知何時才會有結果，非常地不安。

意外情況也經常發生。但最痛苦的部分是經常被同事、前輩，甚至是上級批評，他們說：「沒有結果的事情，你還要做多久？」「那傢伙在亂花我們賺來的錢。」被當時最有人氣的事業部成員如此批評，令B先生感到相當難過。

但B先生仍然堅持不懈持續努力，在十年內將新事業發展成為公司的中流砥柱，他的成就使他晉升為常務董事。

就如同我在B先生年輕時參加培訓課程中看到的，B先生是一個能夠從無到有，培養出公司主力事業的人，所以他對自己和別人都很嚴格，有很強的領導力。此外他還具有高度的戰略眼光，提出的創新點子比任何人都多，並且迅速行動。他也非常照顧下屬，雙方的情誼非常堅固。

然而，當他成功晉升為董事後，這些原本的優點卻逐漸成為缺點。

▼總經理的默許使情況更加惡化

因為B先生目標高，又很聰明，相對地對下屬的要求也很高，很多下屬無法達到他的要求。造成他對下屬過度訓斥、壓榨或把下屬逼到辭職的情況逐漸增多。

此外，B先生還對剛創立新事業時批評他的前輩和同事進行了報復。在預算審批和人事升遷時，故意冷遇他們。

另一方面，他卻讓過去跟他一起打拚的下屬，和對他馬首是瞻的部下升職。

現任總經理是創始人的兒子，他的父親也對他說：「B是對公司成立貢獻最大的人，所以你要好好珍惜他。」所以總經理雖然覺得B先生做得太過分，卻仍然默許這種行為。

然而，這種默許只會讓情勢更加升級。由B先生的行為所引發的問題變得不可阻擋，比如員工只聽B先生的意見，不顧客戶和合作企業；或是員工為了保護自己而經常掩蓋問題，造成有才華的年輕員工接連辭職。以B先生為首，最後問題終於到了一發不可收拾的局面

只要政策不合B先生的意，他就會破壞總經理制定的方針，讓第一線人員感到綁手綁腳。最後，組織的疲憊顯現在公司的業績上，陷入了赤字狀態。

此時，總經理終於做出了決定，他下令將B先生調到子公司。

據說幾個月後B先生離開了那家公司，但他仍然是一個優秀的人才。他在辭職前拜訪總經理時，為自己過去的行為道歉，並表示**「過去幾年就好像一直被成功『附身』一樣。」**

總經理說：「我是唯一一個可以指出他錯誤的人。如果我在認為不對的時候就說出來，也許事情不會演變至此。」他臉上露出後悔的表情。

阻礙下一次成功的「停止思考陷阱」

▼成功會讓人失去思考的能力

在某些情況下，**成功會奪走人們的思考能力**。

在取得巨大的成功後，即使環境發生了變化，成功的要素已經過時，人們仍然繼續這樣做。光是倚靠那些當初成功的領導者是不行的，最後不光是人，連組織也會停滯不前。可能會發生前述這種狀況。

最後，讓我們來看看**「停止思考的陷阱」（理所當然症候群）**。

《失敗的本質》（致良出版社）分析了日軍在太平洋戰爭中的失敗，是一本相當知名的書籍，它敲響了日本戰後仍遺留的組織傾向的警鐘。在這本書中，「固定的戰略思維」和「教條主義」被認為是失敗的本質。

在日本海軍中，有「大艦巨砲主義[3]」和「艦隊決戰主義」。分析認為，失敗主因在於艦隊運用和戰略是按照「雙方主力戰艦對峙，以砲戰一決雌雄」的戰鬥法則。

「大艦巨砲主義」和「艦隊決戰主義」的概念源自於明治時代日俄戰爭（西元一九〇四—一九〇五年）中對馬海峽海戰的壓倒性勝利。東鄉平八郎率領的聯合艦隊在日本海攔截了俄國的波羅的海艦隊。東鄉平八郎率領的盟軍艦隊在日本海與波羅的海艦隊作戰，盟軍艦隊做了一切可能的準備，重點是參謀長秋山真之採用了著名的「丁字戰法」。

以丁字戰法為中心的結果，聯合艦隊對俄軍波羅的海艦隊造成了以下毀滅性的打擊：

- 八艘戰艦中有六艘被擊沉，兩艘被俘。
- 九艘巡洋艦中，五艘被擊沉，一艘自沉，三艘被解除武裝。
- 三名海防艦中，一艘被擊沉，兩艘投降。

到達目的地海參崴的波羅的海艦隊只剩一艘臨時巡洋艦和兩艘驅逐艦。對馬海峽海戰中俄方死亡人數為四五二四人，被俘六一六八人。而日軍則只有三艘小型水

3　盛行於十九世紀上半葉到二十世紀上半葉的一種軍事理論思維，主張以裝備大口徑火炮的大型軍艦，主要是戰艦以取得制海權。

雷艇被擊沉，死亡人數為十六人。日軍取得了一場迄今為止任何國家海軍都未曾有過的完美勝利。

司馬遼太郎在描寫日俄戰爭及其時代的小說《坂上之雲》中寫道，當全世界得知強大的俄國大艦隊在短短幾天內被消滅的事實，還有日本方面只受到輕微損失時，全世界的報紙都發表文章說：「這應該是誤報吧？」

這種**強烈的成功經驗，讓人失去了「思考」的能力**。

一本根據日俄戰爭期間秋山真之的思想寫成的，名為《海戰要務令》的海戰指導書成為了聖典。雖然秋山自己也曾說過：「不能把《海戰要務令》當成秘傳兵書」，但《海戰要務令》代代相傳到後來的大正、昭和時代。

儘管後來全世界不斷發展武器、技術、戰略、戰術等，但日本海軍依然以對馬海峽海戰的成功經驗為基礎，進行了太平洋戰爭。也就是以主力戰艦之間決戰的「艦隊決戰主義」。但那時戰艦已經被飛機取代，成為海戰的主力。

諷刺的是，美軍在日本襲擊珍珠港後瞭解到飛機的威力，在隨後的戰鬥中轉而採取了以飛機為作戰主力的戰略，日本卻無法好好利用這個新的成功經驗。

在技術發展上，成功經驗也是進化的阻礙。

與明治時代（西元一八六八—一九一二年）的對馬海峽海戰時代不同，昭和時代（西元一九二六—一九八九年）的海戰是多支艦隊在廣闊的海域上協同作戰的全面戰役。因此，強化通訊技術，加強己方之間的協調是勝利的關鍵。但是日本的通訊技術相當低落。此外，日本用雷達搜尋飛機的能力也完全比不上美國。即便是破譯密碼的技術，昭和時代所用的技術和明治時代還是完全相同。

太平洋戰爭的結果如眾人所知，是一連串的失敗。

昭和時期聯合艦隊的一位參謀作證說：「實際戰鬥時完全沒見過《海戰要務令》上所寫的內容。」成功經驗使組織停止了思考，從而導致了悲劇性的結果。

關於陸軍我就不細說了，但陸軍也是根據日俄戰爭的成功經驗下，推行以「白兵槍劍主義」（白刃戰）為基礎的戰役，即士兵手拿步槍刺刀衝進防守嚴密的敵軍陣地，結果比海軍更慘烈。畢竟他們已經陷入了停止思考的狀態。

▼優秀領導者反而會毀掉下屬

在一間公司裡，優秀的領導者會帶領組織走向成功，比如公司的創始人、創始人、成立主要部門的幹部、帶領業務急速增長的經理等。然而，越是聰明有才華的人，當他們把自己推到最前線的時候，就會出現成功的黑暗面。

優秀領導者的行動，和下屬根據自己的想法做出的舉動之間難免會有落差。如果放手讓下屬去做就無法成功，也無法快速進行新政策。這樣的情況如果持續下去，領導者會開始著急，接著會介入，給出具體的指示，把事情做好。

以短期來看，依據一個有經驗、有能力的領導者的作法會有好的成果。然而隨著領導者的一再干涉和干預，下屬會開始認為，比起自己思考和行動，不如聽領導者的話要來的好又輕鬆多了。於是下屬**開始依賴**他們的領導者，然後產生了惡性循環。

領導者試著放手讓下屬工作，但還是覺得不可靠。即使問下屬的意見，他們也說不出來，或者只會想出一些愚蠢的方法。無奈之下，領導者只能詳細指導下屬，讓他們繼續前進。結果，下屬放棄自己思考，成為領導的手腳，從而強化了上下級關係。

而對於要求較高的領導者，當下屬不按自己的意願行事時，就會產生挫敗感，進而發怒。這樣做的話會使組織或團隊中，下屬向上級表達意見的功能無法發揮作用。

偶爾我也會看到上述這樣的優秀領導者反而使下屬行為變得畏縮的案例。

有一次，我在給某上市公司的管理階層上培訓課程時，抽空給大家講解了「追隨者行為模式」（見左頁圖），追隨者作為上級的支持者應該如何做。

下屬主要需要兩種能力，一是「貢獻力」，即把握和體現上級思考、感情的態度和能力。另一個是「批判力」，即對各種事務提出和提出自己的意見的能力。

我講完以後，向某位同學徵求意見。他很認真地問我：「向老闆表達意見這樣好嗎？」我當時非常震驚。那家公司的高層果然是一群「能人」。

有人說組織裡有五種人，分別是成為組織之寶的「人財」；為組織作出貢獻的「人才」；過去曾經非常活躍，但現在做不出成績的「人濟」；成為組織負擔的「人罪」；還有沒有主見，只會聽從命令行事的「人在」。

有的時候，優秀領導者只會帶出一群「人在」。

追隨者行為模型

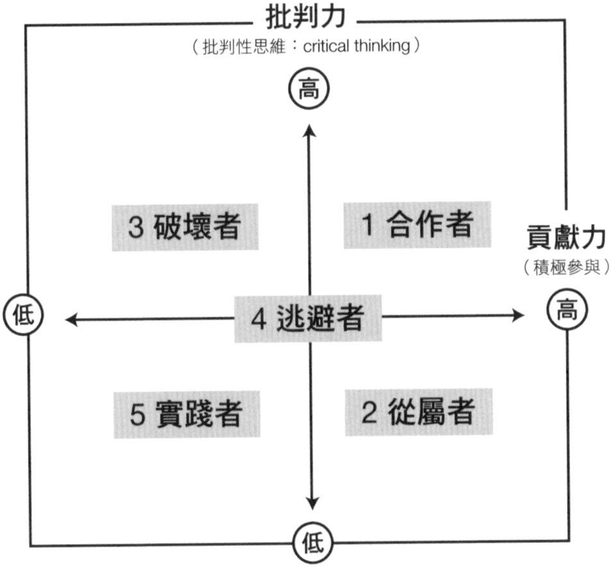

1 **合作者**……具有高度批判和貢獻能力的模範型追隨者

2 **從屬者**……馬首是瞻型追隨者

3 **破壞者**……批評家型追隨者

4 **逃避者**……不履行自己職責的被動型追隨者

5 **實踐者**……在職責範圍內履行責任型追隨者

另一種掉入「停止思考陷阱」的模式

▼創造一個「說得出口」的環境。

赤城乳業以「GariGari君」冰棒聞名。

他們先後推出了玉米濃湯口味的「GariGari君」等一系列創新產品，或是與日本國家足球隊合作等，做出了獨特的努力。該公司二〇一八年的銷售額幾乎是十年前的兩倍。

這個突破的秘訣就是創造一個**「說得出口」**的環境，讓員工不分年齡與職位，都能自由地表達自己的想法。

員工能否對上司暢所欲言，改變了員工發揮自己能力的程度，進而對企業的業績產生重大影響。「說得出口」的要素有以下幾點。

- 上司對下屬的問題和行為進行回饋，但不忽視下屬的問題。
- 下屬勇於向上司表達自己的意見。
- 如果下屬對方針或指令不滿意，應提出問題，直到滿意為止。
- 即使是部門同事，該說的話也必須說。

當組織中的員工能夠和同事、上司討論問題，讓員工能夠自主思考和行動，對環境變化的反應能力普遍較高。

在我年輕時曾經看過一家與上述組織形成鮮明對比的公司。

我參加董事會時，只有總經理在說話。董事們只會對總經理的意見點頭稱是，絕口不提該如何具體推進政策，完全沒有自己的思考或想法。

順帶一提，那家公司的總經理是個態度柔和的人，即使是和我一對一談話，他聽我意見的時間也比談自己的理論要多。他不是個高壓式，把別人的意見壓下去的人。

接下來，我又去參加了一次有數位董事參加的經理會議，這次只有董事們在說話，經理們努力地記下董事所講的內容。這與其說是開會，不如說氣氛像是參加研討會。董事們也都是好人，沒有一個人的領導風格是強勢或激進的。

如果高層管理是強勢型的，員工變得被動，不會表達自己的意見，還在可以理解的範圍內。但這家公司卻截然不同，「到底為什麼會變成這樣呢？」實在令人費解。

有一天，我到公司去見總經理。進入接待室後等了一會兒，我突然注意到公司創始人和現任總經理的父親（前總經理）的照片。就在這時，總經理走了進來。我聽他講了那兩人的故事後總算恍然大悟。

▼被不在場的人影響的「幽靈現象」

無論是公司創始人還是前總經理，都是典型的「單打獨鬥型總經理」。尤其是前總經理，對員工的指示細緻入微，員工完全聽他的話做事。當員工做了或說了一些他不同意的事情時，他就會嚴厲地訓斥。因此，員工只會向上看，而不是向外看（客戶和市場）或向下看（下屬和後輩）。他向員工灌輸的習慣是「找出總經理的想法即是『正確答案』，而不是解決問題的最佳方法。」

如果領導者太過獨斷專行，強勢型、精力充沛型的員工就會跟領導者發生衝突，進而放棄、辭職。最後公司內部只會剩下草食溫和型的。組織會成為追隨者行為模式中的「從屬者集團」。

這種組織管理方式往往作為一種企業文化被代代繼承下來。在這家公司裡，無論是現任總經理還是董事，關於領導方式的思維都深受前任的影響。此外，下屬深受「上意下達」文化的薰陶，心態自然變得被動。

而這種思維在每次上下層人員接觸時都會得到強化，獨特的企業文化也變得更加穩固。

公司不斷受到過去領導者的「幽靈」影響。即使他們不在現場，也不在這個世上。

第 2 章

為何會產生成功的黑暗面？

形成黑暗面的五大因素

▼人類會產生錯覺

下圖中哪條橫線較長？

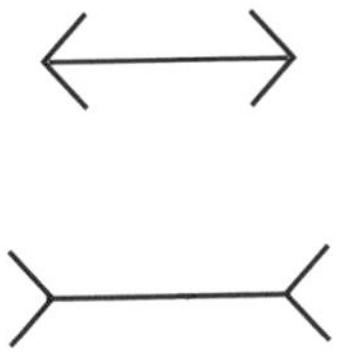

乍看之下，會以為下方的橫線比上方的長，但其實兩條線的長度是相同的。

即使兩條線的長度相同，如果在線上加上不同方向的箭頭，就會產生下方的線比較長的錯覺。

這張圖是由德國社會學者兼心理學者米勒・萊爾（Franz Carl Müller-Lyer）在一〇〇多年前發表的，用於研究人類認知和資訊處理的機制。

在本章中，你將從以下五個角度來看待造成成功經驗黑暗面的因素。

①認知心理學
②日本人的風土、文化
③確認角色
④成功因素分析
⑤人類行為原理

首先，我們從認知心理學的角度來看看與上述箭頭例子相關的情況。

心靈上的有色眼鏡①

～用「認知心理學」分析原因～

▼導致誤判的偏見

在認知心理學中，由偏見和成見造成的無意識思維扭曲被稱為「**認知偏誤**」（cognitive bias）。通俗一點的說法就是「有色眼鏡」。

因為我們每個人都是透過有色眼鏡看待事物，所以我們對事物的認知跟現實、事實不同，並做出非理性的判斷和決定。

比如說根據血型判斷人的性格：A型人認真、一絲不苟，B型人容易一頭熱等等。但並沒有科學證據表明血型與性格之間存在著因果關係。世界上似乎只有日本人相信血型和性格之間有因果關係。

「即將加入我們的新員工以前是橄欖球社的，應該很有毅力吧！」像這樣的想法就是受到認知偏差的影響。可能是受電視劇或世界杯橄欖球賽的影響，也可能是由於少數人意見的泛化，例如身邊一、兩個有打過橄欖球的人的傾向，或者是從朋友那邊聽來的。我們往往會根據一些不一定真實的事情做出判斷。

傾向於認為「自己是雨女[1]」或是「自己是雨男」也是如此。我們之所以會開始有這樣的想法，可能是因為我們在某次活動中經歷過一兩次降雨。

為什麼我們會有這種認知偏誤？

其中一個原因與大腦的容量有關。

我們在日常生活中會接觸到大量的資訊，需要做出很多決定。

當我們走在繁忙的車站中，會與很多人擦肩而過。我們會聽到列車行駛的聲音，聽到工作人員播報到站和發車的廣播，看到接二連三更換的數位廣告，路過咖啡店時會聞到咖啡的誘人香氣。

可以看的出來，我們在車站走一圈就會接觸到大量的資訊。「我該讓路給迎面而來的人嗎？」「廣告中的藥物真的有效嗎？」「離發車還有一些時間，要不要去咖啡店呢？」就像這樣，我們不斷做出判斷和決定。

然而，我們的大腦並沒有足夠的處理能力來接收、檢查所有大量的資訊，並做出判斷和決定。因此，我們透過使用過去的經驗法則和看似可信的資訊來簡化我們的決策過程。

1　外出時常常遇到下雨狀況的女性（男性則稱為雨男）。

由於腦容量和自古以來深深印在我們DNA中的本能和欲望，我們有時會做出扭曲、偏頗和非理性的決定。

像是近年來，我們經常會聽到一些人來不及逃出地震、洪水等災害的新聞。據說造成這種耽誤逃生行為的主要原因也是認知偏誤的一種，稱為**「正常化偏誤」**（normalcy bias）。

當我們遇到突發狀況時，往往會試圖讓自己的心態保持平靜，認為「這點小事沒有關係」，以防止自己的心靈受到壓力的傷害。再加上他們過去一直很安全，沒有受到任何損失的經驗，**使他們低估了風險，耽誤了逃跑的時機**。

這在新冠病毒感染的早期階段經常被討論。

還有一種認知偏差叫**「從眾效應」**（bandwagon effect）。

這就是一種當支持某件事情的人越多，支持的人數會跟著增加的現象。這就是牆頭草或跟隨流行的心理。

舉例來說，像是心想「這間餐廳排隊的人很多，應該很好吃吧！」而跟著排隊的人。或是要上網買書或電器時，如果口碑或評論的評價很好，就會跟著買。

這也是源於「與同伴在一起有安全感」的心理。日本人特別容易受到這種偏見的影響，因為他們有強烈的「察言觀色」傾向，總是希望和周圍的人一樣。

以下的兩個例子就很可能出現這種偏差現象，產生成功經驗的黑暗面。

心靈上的有色眼鏡②
～容易產生黑暗面的原因～

▼「保持現狀就好」的負面影響

有的時候，即使我們對自己的現狀不滿意，但又無法立刻改變，於是就會開始拖延。

例如，當你覺得自己的電腦不好用，但又因為怕難以適應而推遲購買新電腦。當你去餐廳吃午飯時，你總是從兩～三個安全名單中做選擇。你想更換物流供應商，因為他既貴又不肯配合，但你又擔心新的供應商是否能按照自己的要求，所以遲遲無法決定。

這種試圖迴避改變現狀帶來的風險的心理稱之為「**現狀偏差**」（status quo bias）（見第86頁圖）。

造成現狀偏差的因素有兩個。

第一個原因是**稟賦效應**（endowment effect）。

這是指我們覺得自己擁有的東西價值很高，因此對放手這件事感到相當牴觸。或者是我們覺得自己已經擁有的東西與能獲得的新東西相比價值很高。指的就是這個意思。

圖示如下：

擁有的東西＞獲得的新東西

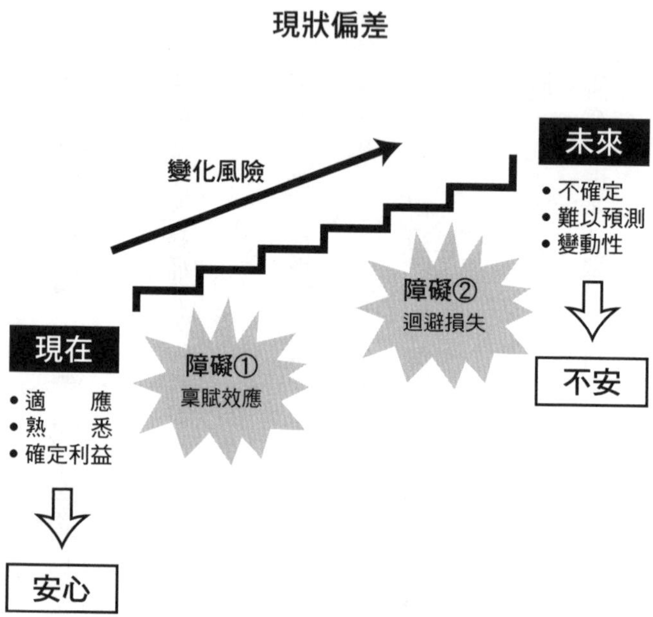
現狀偏差
變化風險
未來
• 不確定
• 難以預測
• 變動性
不安
障礙②
迴避損失
現在
• 適　應
• 熟　悉
• 確定利益
安心
障礙①
稟賦效應

據說，人們對自己已經擁有的東西的重視程度，是對獲得新東西的重視程度的四～七倍。

第二個原因就是所謂的**迴避損失**。

人們傾向選擇確定（可迴避損失）的利益，而非伴隨著不確定性的利益。諾貝爾經濟學獎得主，同時也是行為經濟學創始人丹尼爾．康納曼（Daniel Kahneman）提出的展望理論中如此敘述：

在以下情況下，你會選擇A還是B？

A：無條件獲得一萬元。

B：中獎的話可以獲得兩萬元，機率為五〇％。

在這種情況下，大多數人都會選擇「A」，即「無條件獲得一萬元」。他們會選擇能確實獲得利益（迴避損失）的那一方。

「稟賦效應」和「迴避損失」這兩個原因造成了現狀偏差。我們有著「比起挑戰不確定的未來，優先考慮現狀」，以及「確實獲得利益」的傾向。

第1章介紹因固守底業務而不著手全面數位化和業務多元化而破產的柯達（見第30頁），以及被店面資源所束縛的綜合超市（見第50頁），都可以說是現狀偏差的結果。

維持現狀的欲望是一種偏見，這種偏見源於人類自我保護的本能，每個人都會被這種偏見所欺騙。

然而，我們現在生活在一個環境變化越來越劇烈的時代。客觀地分析變化，勇敢面對不利因素，也就是**面對我們不願意看到的現實，該改變的就改變**是必須的。

▼質疑先入為主的觀念和願望

現狀偏差並不是唯一導致成功案例黑暗面的認知偏差。還有一種，就是**確認偏誤**（confirmation bias）。

確認偏誤是一種心理現象，在這種現象中，我們會不自覺地關注那些可以補充、強化我們先入為主的觀念和願望的資訊，而不會去注意那些不符合我們先入為主觀念和願望的資訊。

人們常說「愛情是盲目的」。一旦我們愛上一個人，我們只會看到讓我們對他（她）的愛更加堅定的資訊，很難意識到他（她）的缺點和不足之處。這也是確認偏誤的結果。

我舉個公司的例子吧！

某間公司在過去的一年內，業績持續委靡不振。特別是近兩三個月，不但沒有達到目標，甚至沒達到去年同期的水準。三個月前新上任的業務企劃部門的業務部長，當他正思考根本原因出在哪裡時，決定陪同下屬去拜訪一位客戶。由於部長是第一次拜訪客戶，也不清楚情況，所以就把談判之事交給了下屬。但他越聽壓力越大。商務談判的水準太低，讓他越來越沮喪。

這件事讓他想到，造成業績低迷的原因可能出在下屬的商業談判技巧上。

當他陪其他下屬去拜訪客戶時，腦中開始警鈴大作。他看著每天的業務報告時，對商務談判的進行方式充滿了疑惑。公司內部培訓項目之一的模擬商務談判簡直漏洞百出。

有鑒於此，業務部長為了加強下屬的商業談判能力，決定犧牲業務時間，自願以講師的身份舉辦內部課程。然而，公司的業績並沒有如預期增長。這是為什麼呢？

那是因為造成業績低迷的根本原因出在其他地方上。真正的原因不是業務人員的素質，而是自家的產品不如競爭對手。

我再舉一個例子。

我和一家中小企業的董事聊天，他說自己越來越不信任某位經理。他說：「A經理經常不在辦公室，也不與下屬溝通，不擅管理。」

當我問他如何得出這個結論時，他回答說：

「我去那個經理的部門時，四五次中才看到他一次。」

「我和他的一個下屬聊天的時候，下屬回說最近他和經理間沒什麼溝通。」

「那個經理的行事曆上淨是外出行程。」

不過，這可能只是因為恰好碰上業務繁忙的季節，經理外出的時間較多。而且即使不在公司，經理也可能會陪著下屬進行指導和交流。還有說自己跟經理不怎麼溝通的下屬可能很優秀，不需要經理操心。

後來，我聽那家公司其他人說，董事和經理從以前就不和，雙方互不信任。

實際上人並非「眼見為憑」，而是「只看得到自己相信的事」。人類的特性就是選擇性聽到或看到能夠強化我們先入為主的觀念和願望。

一旦這種傾向與我們的成功經驗相結合，就會發生問題。

像是第1章介紹的案例，夏普公司因在日本國內進行過多的投資，而不得不拱手讓人（第54頁）；經營者因自以為高人一等而造成組織的混亂（第34頁）；這都是只收集對自己有利的資訊，而沒有從客觀角度思考自己的處境所招致的結果。

「精益求精文化」的陷阱
～從「文化、風土」分析原因～

▼日本文化的影響

日本有很多可以向世界炫耀的系統和技術。

像是新幹線，運行速度高達三〇〇公里／小時，班次間最短的間隔時間僅三分鐘。新幹線在速度、安全、準確性等方面是非常優秀的運輸系統。

其出色的運營是由多種因素所支撐的。

據說十六輛新幹線的車輛就要用二萬個螺栓。用於擰緊這些螺栓的螺栓是「永不鬆動的螺栓」。全世界的高速列車、世界上最長的吊橋——明石海峽大橋以及太空梭的發射台都使用這種螺栓。

日本是一個多地震的國家。針對這種情況，他們研發並安裝了防止脫軌的防護裝置，即使列車以每小時三〇〇公里的速度行駛，也能在地震發生時防止車輪脫軌。

此外，新幹線車廂的清潔工作被世人稱作「奇跡七分鐘」。在僅僅七分鐘內，列車內部就會打掃得乾乾淨淨。清潔人員在擦拭座位桌子時，會把桌子調整至四十五度角，這樣灰塵就會形成陰影，可確保清潔人員發現並清除灰塵。另外他們還會分析乘客的行為模式，便可快速、可靠地找到乘客遺落的手機、車票等物品。

此外，日本還有很多值得驕傲的系統和技術，例如誤差僅數幾公分的GPS系統、用在太空梭上的高強度碳纖維技術、較他國優異許多的超精細金屬切割技術等。

在這些系統和技術的創造背後，正如日語中的「求道者」一般，是一種持續精進、將事物鑽研至極致的**精益求精文化**。

這也與日本「守破離」的觀念有關。

「守」是指花費非常久的時間進行訓練，掌握師父的教導和基本功。

「破」是指在吸收其他師父、流派的教導的同時，加入自己的改良，並加以發展。

「離」是指脫離師父或流派，建立自己的思維方式和方法。

守破離的概念被應用日本的武術界、茶道界、藝（技藝）道界，而在以製造物品的職人（工匠）世界中，也是透過守破離的概念持續繼承、精進技術。

江戶幕府末期（西元一八五三－一八六八年），西方人對日本在初次見到蒸汽船後不久，就有能力自行建造感到驚訝。日本能夠迅速自行建造蒸汽船就是歸功於江戶時代精進文化所培養出的基礎技能。（當時自行製造蒸汽船的是薩摩藩、佐賀藩和宇和島藩。）

這種精益求精文化也是明治時期（西元一八六八—一九一二年）奇跡般增長，以及二戰後經濟能夠快速成長的因素之一。

▼日本人有很強的「成就導向」

「霍夫斯塔德的六個文化價值觀維度模型」是由被譽為「文化與管理之父」的荷蘭國際管理和組織心理學教授吉爾特·霍夫斯塔德（Geert Hofstede）所設計的模型，是用來衡量不同國家文化差異的一個框架。

以下是衡量文化差異的六個文化價值觀維度：

①權力距離：重視權力階層制度？還是重視平等？

②群體／個人主義：是否把自己所屬群體的利益放在第一位？還是把個人的利益放在第一位？

③女性化／男性化：是否重視日常生活和生活品質？還是朝著自己的目標前進？

④不確定性規避：是否認為不確定和不知道是一種威脅？

⑤短期導向／長期導向：對未來是短期還是或長期導向？

⑥放任與約束：是抑制或是解放？

以這六個文化價值觀維度衡量的國際調查中，將各國評量的結果以數值化（〇～一〇〇分）來呈現。（詳見宮森千嘉子、宮林隆吉所著之《作為經營戰略的跨文化適應力》。）

在這六項衡量的維度中，日本得分最高的是③「女性化／男性化」。滿分一〇〇分中拿到九十五分。

女性化是「重視生活品質」，而男性化則是「成就導向」。分數越接近〇，女性化程度越高；分數越接近一〇〇，男性化程度越高。日本在這項獲得接近滿分的分數，也就代表日本的男性化（成就導向）非常高。

這意味著日本人非常傾向於透過堅持不懈的努力向目標邁進，進而獲得成功。

而這被認為是將事物鑽研至極致的精益求精文化的影響。順帶一提，在全球一〇一國的調查中，日本的九十五分是第二高分，僅次於斯洛伐克。

▼在沒有結果的道路上勇往直前

精益求精文化讓日本傾向追求更快、更強、更輕的性能。

因此會導致「做過頭」，偏離市場需求。這就可能會導致做出「超出規格」的產品，像是「功能過多，使用者根本用不了那麼多功能」或是「只有少數人需要的高品質水準」。

這還會導致**視線狹窄**的問題。視線可能會變得只看得到眼前（直線），而失去對周圍環境的關注。

這時如果再加上前述的「確認偏誤」，即僅關注那些與我們的先入為主觀念和願望相輔相成的資訊，就會造成**一心一意在一條不會有結果的道路上前進**的情況。

蘋果公司透過將可攜式音樂播放機連接網路iTunes Store，徹底改變了我們聽音樂的方式。索尼試圖以隨身聽的性能一決勝負，卻就此失去了在音樂業界的領先地位。這就是一個典型的案例。

這種情況甚至可以追溯到更久之前。

在太平洋戰爭中活躍的日本零式戰機，其巡航距離和機動性能都是世界數一數二的。靠著星期六日也不休息的高強度訓練，日本培養出具有高超射擊和駕駛技術的飛行員，將零式戰機的潛力發揮得淋漓盡致，在一對一的戰鬥中徹底擊敗了對手。

但由於追求機動性到極限，零式戰機的重量減輕，防禦能力也跟著降低。此外，由於設計過於複雜，難以大規模生產。換句話說，零式戰機的優勢在於體現極致的藝術般機體與人類的操控技能上。

大家都知道零式戰機後來被美軍打敗。

為什麼會這樣？

美國要想在短時間內培養出能夠超越零式戰機飛行員的人才是不可能的，也不可能瞬間製造出比零式戰機性能更高、航程更長的戰鬥機。然而，美國卻打敗了日本。

原因是美國人改變了他們的思維方式。儘管美軍在飛行員操縱技術和機體機動性上都不如日軍，但他們還是想出了獲勝的辦法。

美國提高了新型戰機的防禦能力，即使被敵機擊中也能堅持下去。因此，即使戰機受到攻擊，飛行員們也能保住性命歸隊。而在戰機設計上，由於不像零式戰機那般複雜，也就更容易量產。美軍更研發了不需要準確射擊技術的武器，只要擦過敵機機體便能擊落敵機。

而在戰術上，由於美國經濟實力雄厚，以及新型戰機的易生產性，美軍便大量量產戰機；再加上飛行員可以重返前線，使得美軍戰機可以靠數量取得優勢，不必再與日軍戰機進行一對一戰鬥。

就像這樣，日本過去也發生過相同的事。有著精益求精文化的日本，人們試圖精進自己的技能，正面對決。而美國是一個思想靈活，改變遊戲規則和制度的國家。

除了「零式戰機」和「隨身聽」以外，從昭和時代開始到現今的令和時代，日本還有很多類似的案例。

我們正處在一個VUCA（易變性、不確定性、複雜性、模糊性）的世界，我們要迎接的是一個快速變化且不可預測的時代。日本企業當務之急課題的其中之一就是透過靈活的思維克服精益求精文化所帶來的負面影響。

員工無法認知到自己的「角色」

～從「角色認識」分析原因～

▼能夠意識到問題的能力

接著讓我們關注個人。

當我們提到「問題」的時候，往往會帶有負面含意。然而，當人們有了能夠意識到問題的能力，就會採取行動改變現狀，進而改善。

那麼，要怎樣才能學會能夠意識到問題的能力呢？首先，讓我們來看看「問題」這個詞的定義。

抽象思維與具體思維

〈抽象思維〉

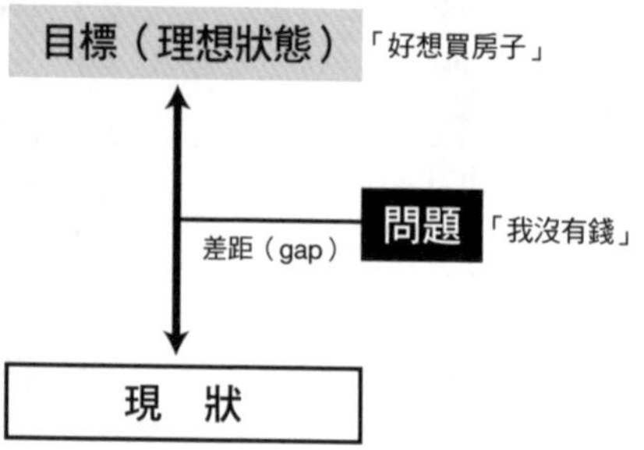

〈具體思維〉

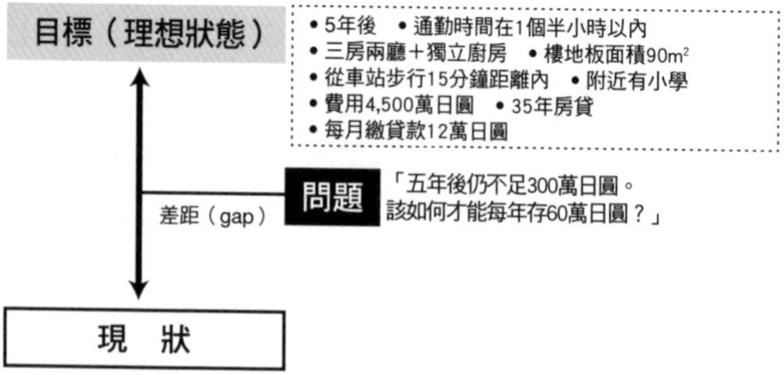

「問題」的定義是「目標（理想狀態）和需要解決的現狀之間的差距（gap）」。例如，某業務人員跟客戶約好上午10點前去拜訪，但因為趕不及而延到了10點半。他自然會發現有問題存在。這是因為他遲到了30分鐘，他達到的目標（遲到30分鐘）跟他原本的目標（理想狀態）有差距。

如果他意識到這一點，就可以採取行動進行改善。比如提前出發，或是改變自己的交通方式，換成不易造成延誤的交通工具，這樣以後就不會再重蹈覆轍。

為了採取更好的行動，必須正確地認識現狀，認識目標（理想狀態）。

▼「目標」不具體

為了激勵人們採取改善行動，換句話說，**為了要讓他們有改變的動機，我們需要將目標具體化。**

假設有一個人思考「好想買房子」。

假如思維只停留在「好想買房子」的層面，對問題的認識也會變得很抽象，比如「我沒有錢」。如此一來就不會實際採取買房的行動。必須要深化思考，並將它具體化。

五年後，要買一間樓地板面積九〇m^2左右的房子，通勤時間要在一小時三十分鐘以內，有三房兩廳與獨立廚房。步行十五分鐘即可抵達最近的車站。附近有小學。包括土地在內，總費用約為四五〇〇萬日圓。貸款三十五年，月付十二萬日圓。

如果可以想得這麼具體，就能計算出頭期款需要的金額。然後就會發現儲蓄與所需資金的差距。如果差距是三〇〇萬日圓，可以想想該如何一年存下六〇萬日圓。

如果能這樣具體化，就會更容易想出解決辦法。更重要的是，它會讓人有存錢的動機。

▼環境改變，角色也會跟著改變

在第1章中，我介紹了一個管理者的案例，他陷入了名為「有名無實管理者」的陷阱，無法指導和培育下屬（第36頁）。

究其原因，是年輕時的經歷中所養成的一種思維方式（從過去的經驗中固定下來的觀點和思維方式），認為「自己的事自己負責」。

作為一個商人，這種心態給他帶來了成功，但卻無法應用於管理者的角色上。

其本質原因是在於思維方式沒有跟著進化，未能依照角色要求重新改寫思維方式。

在這種情況下，如果他們能具體地思考一下作為管理者應該扮演的角色，也就是如果能具體思考「目標（理想狀態）」的話，觀點能有所改善，情況也就會有所不同。

左頁的圖表記載了管理者所需扮演的角色，不論行業、業態、職位或公司規模皆然。

如果管理者能面對這些具體的、口語化的角色和理想狀態，也許就能更早改寫他們的思維方式。

為了改寫這些被成功經驗拖累的不正常觀念和思維方式，必須要有根據公司內外環境的變化，不斷質疑「自己的角色」的習慣。

管理人員的主要作用和責任

管理者的作用（大項目）	管理者的作用（小項目）	
領導者 領導者管理下屬，使其能力得到最大限度的發揮。與下屬一起實現全公司的政策（理念、經營計畫等），達到主管部門要求的結果。	①提高業績	努力提高負責部門的業績（提高銷售額、降低成本等），並創造所需的成果。
	②管理目標	推進管理活動（PDCA螺旋上升），實現主管部門或下屬的目標。
	③培育下屬	透過給予觀念、知識、技能和習慣上的正面影響來培育下屬。
	④管理下屬	鼓勵下屬提高工作效率（動機強化、心理關懷、建議和指導等）。
	⑤適當評價	對下屬的成果、進行過程、能力水準等給予適當的評價。
跟隨者 跟隨者與上級建立夥伴關係（能向上級提出建議和貢獻），實現共同的目標和目的。	⑥發現（形成）問題、解決問題	不僅要發現、創造、解決突發性問題，還要用在改進型、未來型問題上。
	⑦傳達經營管理階層（高層）的政策	結合下級情況，傳達和宣傳全公司或高層的政策。
	⑧現場資訊通報	收集並傳遞高層需要的第一線重點資訊。
	⑨收集外部資訊	收集整個公司和負責部門營運所必需的市場訊息、競爭對手資訊等外部資訊，並與相關部門、人士共用。
協調者 瞭解、掌握其他部門、人事部署的目標和狀況，創造對自己和他人（全公司）都有利的成果。	⑩對上級提出建議	向上級提出自己的意見，為高層進行多方面的判斷提供參考資料。
	⑪為上級做出貢獻	掌握上級的思考和想法（而不是等著被告知該怎麼進行），並努力實現。
	⑫建立、運用制度	創建可以提高全公司或負責部門業務執行水準和效率的制度。
玩家 活用先進技能經驗，推動高難度業務，創造成果。	⑬各部門和各部門人事部署之間的合作	促進各部門、各部門人事部署之間的合作，保障全公司活動能順利開展。
	⑭對其他部門和部門人事部署的建議	為改善其他部門的業務（對全公司也有效）提出必要的建言。
	⑮振興負責部門	促進負責部門成員之間的合作，讓部門活性化。
	⑯促進重要業務	在推進困難業務（下屬難以完成）中取得規定成果。

看不到成功的真正原因

～從「成功分析」分析原因～

▼分析本質

位於東京都千代田區的公立麴町中學，以獨特的教育方式吸引了大眾的注意：沒有回家作業，沒有定期的期中和期末考試，也沒有導師制度。這種做法是基於工藤勇一校長的學校教育理念，具體如下：

- 讓孩子在社會上能活得更好。

● 鼓勵孩子自己思考和行動，培養孩子的自律心。

工藤校長在其著作《不做一般學校中理所當然的事》（暫譯）一書中敘述，他做的是與〈目前的學校教育恰恰相反之事〉。

我們制定各種規章、制度，不讓孩子思考、決定、犯錯。這樣會造成一種過度保護的環境，把自律扼殺在初萌芽狀態。

可以說是日本人整體的心態造成了這種過度保護的環境。我給大家講一個故事吧！有一次我認識的人和他的德國朋友在海邊聊天。

忽然，德國朋友說：「這就是日本人不善於培育人的原因。」這是怎麼回事呢？

「你有看到那邊的父母和小孩嗎？剛才孩子一個人在靠近海浪的地方用沙子做了一個類似城堡的建築。而注意到這件事的父母，大概是想說如果在靠近海浪的地方建沙堡，海浪一打過來就會倒塌吧！所以他們把孩子們帶到了海浪打不到的地方，並告訴他們「在這裡做」。而且我猜他們認為孩子建造城堡的方式不夠好，於是父母也開始用沙子做出自己的城堡。孩子只好一臉無趣地看著父母。」

然後他說：

「日本人的保護欲過強，以至於剝奪了孩子從錯誤中學習的機會。」

工藤校長認為，大人這種過度保護的做法，會阻礙孩子們的自律。當他們成年後遇到障礙或困難時，就會責怪別人，說**「都是上司的錯」、「都是公司的錯」、「都是國家的錯」，而不會嘗試靠自己去突破困境**。

本著「培養自律」和「讓孩子在社會上能活得更好」的根本目的，工藤校長便開始實施本章一開始所說的「打破常規」政策。

平時在學校，每個人都被「逼著」做一樣的作業。對於會讀書的孩子來說，太容易了很浪費時間。

至於不會讀書的孩子只能盡量寫解得出來的題目，不會寫的題目因為不知道該怎麼解題就直接空白不寫了。空下來沒寫就交出的作業常常不會受到任何的責難或指導。那這樣回家作業的目的到底是什麼？在這種情況下，實在找不出回家作業的意義。

此外，很多孩子在考前幾天會削減睡眠時間，想辦法找出自己認為必考的內容，以此來安然通過期中、期末考試。可是這樣一來，他們一考完就全忘光了，不會留在腦海中。就像演員拍完電影或電視劇後，大部分臺詞都忘了一樣。

所以工藤校長不顧反對，取消了所有的回家作業，讓孩子們自己思考，用適合自己的方式學習。同時也取消了期中、期末考試，並努力採取新措施，使學習成為習慣。這是基於考慮到「本質是什麼？」而進行的學校管理。

這也可以說是成功經驗產生黑暗面的原因之一：**沒有分析成功的本質**。

▼該改變的事、不該改變的事

讓我回到第1章的故事。索尼隨身聽成功的本質為何？是它打破了應該在靜止狀態下聽音樂的刻板印象，徹底改變了我們聽音樂的方式。隨身聽可以讓使用者邊走邊聽音樂，改變了使用者體驗音樂的方式。

技術是一種手段，但隨身聽成功的本質在於「邊走邊聽」的創新音樂體驗。蘋果公司以嶄新的方式做到了這一點，並建立了在當今音樂業界的地位。

日本海軍在日俄戰爭中的勝利也是如此。昭和時代海軍根據日俄戰爭的成功經驗盲目信奉的「大艦巨砲主義」，以及海軍指導手冊《海戰要務令》僅是表面、膚淺的。日俄戰爭勝利的本質在於實行徹底的能力主義。

西鄉隆盛之弟，西鄉從道擔任海軍大臣時，曾經任命一人負責改革海軍。就是被稱為「明治海軍之父」的山本權兵衛。

甲午戰爭（西元一八九四年，日俄戰爭爆發的十年前）前，山本權兵衛還是一名上校。

當時他擔任海軍總長，解僱了包括上級的將軍在內的近百名軍官，提拔年輕有為的人員。即使受到同為薩摩藩出身的前輩的批評，也依舊斷然實行。

由於日俄戰爭爆發前，西鄉從道進行了大刀闊斧的人事變動。在戰爭開始前，他決定將盟軍艦隊總司令的位置交給東鄉平八郎。這是為了徹底貫徹指揮系統，和根據個人能力所做出的決定。原來的總司令是山本權兵衛的青梅竹馬兼好朋友日高壯之丞。他們曾經一起參加戊戌戰爭，在戊戌戰爭後，他們還約定好要一起成為東京的相撲力士。當山本權兵衛當面告知日高壯之丞他將被解職時，日高因開戰前被撤職感到相當屈辱，掏出短刀說：「權兵衛，什麼都不要說，用這把刀殺了我吧！」

山本不受到個人感情影響，為了獲勝，他堅持能力主義原則。而在此基礎上擇優選拔出來的人，發揮出了自己的能力，並且開發和引進了新的事物。

其中一個，就是秋山真之所採用的「丁字戰法」。這個戰法徹底顛覆了傳統的戰術和艦隊運用。

在對馬海峽海戰中，炮彈命中目標的準確率比起俄軍是壓倒性的高。究其原因，是基於一種新的理念而形成的獨特的消防指揮方法。

此外，裝備了下瀨雅允研製的下瀨火藥和伊集院五郎研製的伊集院引信的炮彈威力也很大。

日俄戰爭勝利的本質在於徹底的用人唯賢，而這是由選拔出來的人員在各自的崗位上創造創新、履行職責的結果。

相反地，昭和時代的海軍則在用人唯賢、進取精神、沒有私情等方面存在問題。囿于固定的思維模式，昭和的日本海軍沒有採用雷達等新技術，這也成為它屢戰屢敗的一個因素。而且敗戰的指揮官，只要向海軍提出請求，就可以繼續指揮。

勝利的美國海軍則恰恰相反。靈活地採用了新的技術和戰術。對不合格或被認為不合格的人，立即予以除名，採用明確的賞罰分明原則。

無論是公司或企業、個人，都必須找出帶來成功的本質原因。

要做到這一點，就必須冷酷地分析當前的形勢，不要有認知上的偏差和情緒，**「該改變的」要改，「不該改變的」則要繼續執行。**

我們要培養自己的眼力，看清事物的本質，提煉事物的精髓，而不是被表面所迷惑。

「揣測上意」和「明哲保身」導致停滯不前

～從「人類行為原理」分析原因～

▼「揣測上意」會毀掉領導者

在我的客戶中有某間公司，某個非家族企業成員的人跳過七個人當上了總經理。

當我與新任總經理交談時，他跟我說了以下的故事。

「在我被任命為總經理之前，我因為部門間的矛盾被生產部門部長指責。如果錯在我這邊時，他會在會議上洋洋得意地把所有過錯都歸咎於我。但我一當上總經理後，他的態度就有了一百八十度的大轉變，正所謂「翻臉跟翻書一樣」！當我說話時他會面帶笑容聆聽，彷彿在說：『你說得很對。』我交代給他的事情，也會以極快的速度完成。」

我苦笑著給他講了下面的故事。

「當你在組織中的地位越高，下屬和周圍人的態度就越會隨之改變。而且會出現過度的揣測上意和顧慮。尤其對那些帶領公司、部門和團隊獲得成功的領導者來說，這種態度的轉變會更加強烈。」

接著，**領導者會開始接收不到真實的資訊**。當領導者接收到的是遭隱蔽或扭曲過的資訊，根據這些資訊做出決策，理所當然地會導致結果不佳。有時甚至可能會產生更麻煩的問題。

接下來我會舉一些實際的例子。

▼總經理導致了員工「說不出口」的局面

有一間擁有三〇〇名員工，創業一〇〇年的工廠。

這間工廠五年前換了新的總經理，總經理是家族企業接班人，之前主要做的是業務領域的工作。

新任總經理是一個很有活力的人，從年輕時就致力於在海內外開發新客戶。在他的努力下，雖然與長期合作大客戶的營業額下降，但公司整體的業績卻不斷提升。

他在就任總經理的同時，制定了一份三年的中期經營計畫，並實行各種新政策、新措施。其中包括向現有客戶推銷新產品、向周邊市場擴張、引入不重視年資的新人事評價制度、跨部門的職位輪調、對生產方式進行大刀闊斧的改革等等。

然而，約一年前問題開始浮現。

作為公司核心的研發部門最早開始出現問題。開發工作未能按時完成，延遲兩、三個月變得稀鬆平常。更糟糕的是，甚至發生本該在半年前交給客戶的產品，至今仍未能上市，也無法預測何時能上市。

而最近推出的某些產品也被發現有小毛病，研發部門的員工不得不花時間去處理這些問題，更形成了惡性循環。

研發部門的員工需要經常留下來加班，甚至假日也要加班，明顯疲憊不堪。

公司為此招聘了有經驗的新員工，也從其他部門調人手過去支援。從半年前開始，公司也找了負責研發部門的主任、部長，及其他部門主任共同商討克服困難的辦法。

然而，問題仍然無法獲得解決。

問題最終顯現在業績上，業績出現了大幅的滑落。這是自新總經理上任以來，業績首次惡化到如此程度。研發部門的部分高層開始出現精神方面問題，幾個年輕人才也接連辭職。如果這種情況持續下去，可能會有大批員工離職。

這時，總經理為找出原因採取了行動。

由於總經理以前只待過業務部門，對研發部門並不熟悉。而且研發部門高層是前任總經理的人馬，所以他不敢隨意干涉。但如果放任這種情況繼續下去，混亂的情況只會越來越嚴重。

總經理原本只約談了研發部門主任、部長和兩位科長，但為了瞭解現狀，他決定約談從新人到兼差人員的所有員工。

總經理真誠的態度，讓年輕員工們紛紛表達了自己的想法和感受。

「憑我們的技術很難進入周邊的A市場。以我們公司的強項來說，同樣都是周邊市場，我們應該去拓展B市場才對。我們想挑戰高難度市場，但並沒有什麼收穫。」

「研發專案太多了，導致我們無法正常研發產品，從而出現問題產品。然後我們不得不處理這些問題產品，這又使研發停滯不前。我們完全陷入了這種惡性循環之中。」

「由於人事評斷制度大多只注重個人的成就，造成部門內缺乏合作。尤其是年輕員工，由於大家都很忙，無法得到支援。」

雖然有些意見是可以預見的，但也出現了許多完全出乎意料之外的事實和意見。其中總經理感到最震驚的是聽到很多員工說了以下的話。

「我從一年前就已經和主任、部長、科長們說過這些事了，但他們總說這是總經理的政策，待時機成熟後會找機會跟總經理談。他們從來沒有認真對待過我們。」

「最後，整個部門籠罩在一種『說什麼都沒用』的低氣壓中。」

「部門充滿了閉塞感和放棄的氛圍，後來再也沒有人談論問題。」

▼毀掉組織的「習得性失助」

在行為心理學中，有一個稱為「梭子魚實驗」的實驗。

將一隻梭子魚和它的食物（小魚），放進一個中間有透明隔板的魚缸中。梭子魚和小魚分別放在隔板的兩側。

梭子魚想吃小魚，但會因為撞到透明隔板而吃不到。嘗試數次仍吃不到後，梭子魚會放棄去吃小魚。

過了一會兒，把梭子魚和小魚中間的透明隔板移開，梭子魚並不會試圖吃掉從牠眼前經過的小魚。

這是一個驗證稱為**習得性失助**（learned helplessness）現象的實驗。

習得性失助是指一個人如果努力仍得不到結果，即使試著逃避仍無法改善，當這種情況持續下去他會產生無力感，不再試著努力或是逃避。

上述公司研發部員工所表現出的正是習得性失助的症狀。

這種症狀如大家所見，是由研發部主任和其他高層試圖**「揣測總經理上意」**所引起的。他們消化不了總經理制定的中期管理計畫政策，但也不敢反對總經理；因此陷入一種只能靠自己想辦法的無奈心態，進而封殺下屬的意見。

本來應該是由研發部門主任等上級領導者提出「政策於理想化，以我們公司目前的能力來說為時過早」或「應該分階段實施」等建議，但他們為了明哲保身沒有這樣做。

這是在成功、有影響力的領導者之下可能會出現的現象。

第3章

克服黑暗面的「關鍵」

「觀察」是打破常識的關鍵

▼關鍵在於「第一線」

本章中我們將透過四個企業案例，討論對於陷入成功黑暗面的公司來說，要想克服第2章所提到的原因、重振旗鼓，必須要注意的事項。

在開始之前，讓我說說一個人的故事吧！他是一個活躍在與商業不同領域的人。

在幼兒教育界有一位名人，名叫橫峯吉文（他同時也是職業高爾夫球手橫峯櫻的叔叔）。

他在鹿兒島縣開了一家幼稚園，發明了一種稱為「橫峯式」的教育方法，。獲得了優秀的成果。由於知名花式滑冰選手紀平梨花也接受了這種「橫峯式」教育，而受到大眾矚目。

受過「橫峯式」教育成長的孩子能夠做到

- 幼稚園畢業之前，平均讀完二〇〇〇本書
- 跳過十級跳箱
- 倒立前進
- 四歲前學會絕對音感（絕對音高）

等等不可置信的事情。

橫峯吉文當然有很多的教育秘訣，其中最顯著的就是被稱為「橫峯式九五音」的文字學習法。

一般我們在學習日文文字時，會從平假名開始，按照五十音「A、I、U、E、O」（あいうえお）的順序學習。

但如果站在小孩的立場思考，平假名「A」（あ）是很難寫的。橫峯吉文看到很多孩子因為寫不好第一個「A」而不願意繼續學習。

這時，他轉換了想法。沒有必要讓小孩先學難寫的「A」，讓他們從簡單的開始學，這樣不是會更快、更有動力嗎？

基於這一理念的「橫峯式九五音」教學法，就是教授平假名、片假名、簡單漢字（共九十五個字）。

從最簡單的開始，一開始的五個是「一」、「―」、「十」、「二」、「エ」，最後五個是「ふ」、「え」、「ん」、「あ」、「む」。「A」（あ）成了倒數第二個。

據說凡是接受這種「橫峯式」教育的小孩，都能在三歲前讀、寫平假名和片假名。「橫峯式九五音」是源自於橫峯先生對兒童的細心觀察而誕生的。我相信，如果企業要想擺脫成功的黑暗面、走出困境，這會是關鍵之一。

關鍵字是**「第一線」**。

客戶的言行舉止與眼神往往會告訴我們答案。

第一線的員工與客戶直接接觸，他們擁有原始、真正的資料。而當他們的思維和行為發生變化時，客戶的反應也會產生變化。

接下來，讓我們來看看一些組織利用第一線的變革擺脫黑暗面的成功案例。

擺脫「內部常識」的束縛

▼不是「去第一線」，而是「成為第一線」

近年來，「眼鏡超市[1]」（Meganesuper）的業績快速回升，重回增長軌道。在二〇〇九年四月期的財報中，銷售額比起前期增長了二一・六%。經常性獲利則是比前期成長了四五・一%。（二〇一七年成立控股公司，正式名稱為VISIONARYHOLDINGS。）

1　日本的連鎖眼鏡行。

眼鏡超市創立於一九七三年，在當時以個人眼鏡店為主流的時代，眼鏡超市開設了多家連鎖店，與頂尖眼鏡（MEGANETOP）、巴黎三城眼鏡（PARIS MIKI），並稱為眼鏡三大零售商。然而在二十世紀末葉，日本的眼鏡市場發生了變化。優衣庫（Uniqlo）方式席捲了眼鏡業界，以JINS、Zoff為代表的SPA（製造零售）模式應運而生。JINS、Zoff等店透過提供三種價格低於一萬日圓[2]的產品，在通貨緊縮時期實現了快速增長。

眼鏡超市也試圖在價格上與SPA模式店家競爭，但其成本結構與SPA模式完全不同，降低價格等於是自殺行為。故眼鏡超市從二〇〇八年開始連續八年虧損，並連續八年凍結員工獎金。

二〇一一年，公司無力償付，公司的經營權從創始人轉移到證券投資基金上。此時，現任社長星崎尚彥先生登場。

星崎社長在自己的著作，《0秒管理》一書中指出：

「復興的本質不在於改變商業模式，而在於『改變員工的心態』。」

儘管形勢嚴峻，在他上任後的首次會議上，即使管理團隊提出了多項建議，但業務主管只會說「第一線人員太忙」，或「第一線人員說的不是這樣」，不做任何改變。

這就是**「大家都這麼說」症候群**。當我問他：「大家真的都這麼說嗎？」，會發現實際在說的只有一、兩人。

為了達到自己的目的，業務主管們將小事實操弄成大事實，但由於管理團隊對「真實的第一線狀況」一無所知，無法與業務主管對抗。

2 整間店的標價只有五〇〇〇日圓、七〇〇〇日圓、九〇〇〇日圓三種價格。

為了克服這種情況，星崎社長來到了第一線。這樣一來，他就能親眼看到員工的實際情況，跟業務主管聲稱的情況並不相同。

▼解除思考停止狀態

在某間分店裡，一位顧客說：「我的眼鏡壞了，這讓我很困擾。能否請您幫忙立刻修理？」店員把顧客拒之門外，說：「不好意思，本店的營業時間快結束了，請到別間店去。」縮減加班時間是當時為了削減成本所採取的手段之一，但身為服務業的腦袋與內心都已經停止運轉了。

而在另一間分店，星崎社長向店員提問，卻沒有得到任何回答。每當他提出一個建議，店員們就會問說：「這麼做好嗎？」

星崎社長的建議像是「為什麼不寄廣告DM給客戶？」或「可以把優惠券隨

著面紙一起發」，其實都只是小事。但店員們只顧著自己的工作，不願意做份外之事，陷入了一種人類機械化狀態。

正是因為創業者的影響，才造就了這個狀態。

在第1章的結尾，我介紹了一個在從前領導者的「幽靈」影響下停止思考的組織（第73頁），而眼鏡超市正是陷入這種狀況。

眼鏡超市有「強勢的上級」、「不符上級指示的行為會受到處罰」、「對第一線員工的不合理要求」等三條規定，這些都促使員工停止思考。

另外每間分店都會被要求銷售高價項鍊和保健食品，這些東西與眼鏡毫無關聯，但是創業者一家要求「項鍊跟保健食品沒達到一定業績前不准打烊」，據說有分店因此營業到凌晨三點。

上面提到的寄廣告DM給客戶、發廣告面紙等手段，也是由於創業者一家的削減成本政策，無法提出需要花錢的方法。

星崎社長要打破這個停止思考的狀態。

▼打造自律的人才和團體

當時眼鏡超市的店員很消極被動，不僅不到店外招徠顧客，甚至也不會主動招呼進門的顧客。

據店員的說法，這樣做的目的是為了「讓顧客慢慢看產品」。然而，這招並不適用於零售店。

為此，星崎社長主動到分店店頭，率先親身示範如何招徠顧客。如此一來，進店的顧客就多了起來；接下來只要店員去招呼那些進門的顧客，就有望順利賣出眼鏡。

眼鏡超市有間設計得很時尚的分店，管理團隊也對設計讚不絕口。但第一線的店員說：「這些看似時尚的設計很礙事，不僅顧客從外面看不清店內的情況，我們也看不到店門外的狀況。」對此星崎社長立即採取了行動。即使店員們說：「如果改變總公司的做法，我們會有大麻煩」，社長依然動手拆除了裝飾。

組織及下屬的績效之所以無法提高，原因之一是他們**受到某種束縛，導致他們的思考和行動出現問題**。

例如在眼鏡超市，「一切都是總公司說了算，第一線店員不得發表意見」、「一旦總公司決定削減成本，只要會花錢的事都不能做，連最起碼的投資都不行」。為了使下屬從停止思考狀態中解脫，領導者必須要找出並擺脫這種內部常識的束縛。

星崎社長親自前進第一線，營造出一種大家都心服口服想做事的局面。這樣一來，他就消除了「照著上面的話做事」的強勢上級管理問題。

此外星崎社長也把自由裁量權留給了分店，分店可以自行決定銷售的方式或價格。而在資訊情報方面，除了員工薪水以外，眼鏡超市公開了幾乎所有的資料，試圖改變只有部分人士知情，或情報被特定人士把持的局面，為其他人提供了思考的根據材料。

目前，眼鏡超市正在以打造以**自主思考、自主行動的自律人才與團體**為主的運營模式。

重視小問題和不自在感

▼脫離赤字困境

飛驒產業的總部位於日本岐阜縣高山市。飛驒產業生產的高品質傢俱，被東京電視臺經濟節目《寒武紀宮殿》的主持人村上龍稱讚是「讓人一坐下去就不想站起來的椅子」。

這家即將迎來創立一〇〇周年的公司，因長期培育的先進技術和突破常識的新點子而備受關注。

昔日，飛驒產業因其高品質而登上女性生活雜誌《生活手帖》。可能有些人知道，《生活手帖》的創辦人大橋鎮子女士是二〇一六年ＮＨＫ晨間連續劇《大姊當家》（高畑充希主演）的原型。

《生活手帖》是一本以「產品測試」為主題的雜誌，以產品實名制認真介紹日本產品，獨特風格獲得了讀者的支持。據說，《生活手帖》「會批評產品，但從不讚美產品」，而且它不刊登企業廣告，是一本非常獨特的雜誌。

《生活手帖》的著名總編輯花森安治對飛驒產業給予了最高的評價。他不僅撰寫專稿，還協助飛驒產業進入百貨公司銷售，並且聯合開發產品、直銷，讓飛驒產業獲得穩定的發展。

然而，在日本泡沫經濟後，傢俱業界進入價格大戰。宜得利（Nitori）以統一設計、海外生產的低成本產品席捲了市場，飛驒產業也被捲入了這一浪潮。在二十一世紀即將到來之時，飛驒產業陷入了赤字困境。

現任社長岡田贊三就是在這個時期上任的。

岡田社長將家傳的雜貨店轉型為大型DIY家用及五金用具賣場，並將事業擴大到十一家分店後，便交棒退休了。不過，由於岡田社長的祖父是飛驒產業的創始人之一，所以飛驒產業請他來協助拯救公司。

岡田社長知道這是一份艱難的工作，但因為覺得必須要「保護家鄉的產業」，所以答應接下社長這個職位。他下定決心「在前三年要狠下心改革」，並著手開始改革公司。

▼關注「一%」

岡田社長回憶道：「那是在我當上社長後不久的事。有一次我在視察工地時，發現一個角落裡有一堆廢棄的木材。我問附近的員工，他回答說：『木材裡面有節，不能用。』」

節是指枝椏被包裹進生長中的樹幹裡面時，所產生的深棕色斑點。當我請該員工進一步解釋時，他說：「用漂亮、沒有節的木材做的傢俱才是真正高品質的傢俱，飛驒產業的傢俱就該如此。如果用有節的木材做傢俱，價值會降低很多。」

岡田社長對此提出了一個問題。

「每個客戶真的都是這麼想嗎？現在我們生活的時代，是人們開始質疑超市貨架上只有直筒小黃瓜的時代。就算九十九%的人都想買無節木材做的傢俱，難道就沒有另外一%的人喜歡自然、有節的設計嗎？」

然後岡田社長不顧公司內部的反對，成立並推動新的專案。

結果誕生了「森林之語」系列商品，這個系列的特色就是活用木頭節點的簡潔俐落設計。飛驒產業原本的熱賣商品最多可以接到一〇〇家店的訂單，後來把「森林之語」系列拿去參展時，卻接到多達二〇〇家店的訂單。

某傢俱業界報編輯給這系列的評價是：「在這個行業裡，我見過有人打出二壘、三壘安打，但這是我第一次看到場外全壘打。這是很厲害的商品。」而飛驒產業也因為「森林之語」系列的熱賣，挽救了公司的困境。

持續帶給組織「波動」

▼懷疑「業界常識」

岡田社長還有一個簡單的問題：「既然飛驒有這麼大片的森林，那為什麼要從國外進口木材呢？為什麼不直接用隨處可見的杉木呢？」

在那個年代，用梣木、櫸木等闊葉樹做傢俱是業界常識，而不是杉木之類容易劃傷、凹陷的針葉樹。然而，日本國內的闊葉樹資源已經枯竭，所以只能依靠進口。當岡田社長向第一線員工詢問是否可以使用針葉樹時，得到的答案也是一樣的。他們回答說不可能，因為太軟了。

然而，岡田社長並不打算放棄。周圍有很多杉木和檜木等針葉樹，而且遠比進口木材便宜。當他對員工們說：「你們為什麼不試試使用針葉樹呢？」所有人都驚訝地看著他，但岡田社長卻仍開始挑戰使用針葉樹。

首先是塗上一層塗料，使表面變硬。飛驒產業還與其他公司進行了聯合開發，然而依舊是難以商業化。

後來岡田社長向一位認識的大學教授請教，教授建議「也許可以用你們做曲木的壓縮技術來試試」，我們抓住了這個可能性，進行了聯合開發。

但即使經過反復的試驗與錯誤，仍無法控制壓縮木材恢復原狀的力量。過了一段時間，表面會出現波紋，變得凹凸不平。即便如此，岡田社長依然鼓勵員工知難而上。

七年後，飛驒產業總算成功將杉木做成的木地板裝在三重縣的一所中學內。

用壓縮技術製作的木材曾因容易進水而聞名。那所中學後來發生水管爆裂淹水的事故，但杉木地板卻沒有因此變的凹凸不平。

此後，杉木木地板開始普及起來。主要用於學校和幼稚園，以及日式旅館和咖啡店。

▼改革是由「外人」、「年輕人」和「笨蛋」負責進行的

岡田社長上任時，飛驒產業是以批量生產的模式經營的。這是一種風險很高的商業模式。

如果產品賣不出去，錢就會跟著被綁住。更重要的是，隨著時間的推移，產品的價值降低，錢也就跟著減少。如果是自有資金倒還好，但如果有貸款就必須支付利息。在企圖快速出售的情況下就會以低價出售。

此外，庫存就意味著必須要花費人事費用等成本。公司如果處於這種情況下也無法盈利。

這時，岡田社長又做出了一個以員工角度看來瘋狂的決定。他引進了豐田生產系統，並隨著資訊技術的推廣，轉為完全按訂單生產模式。

雖然花了兩、三年時間才看到效果，但工廠的生產效率卻大幅提高。

透過這些努力，飛驒產業的銷售額成長為岡田社長上任時的兩倍。

主要原因是岡田社長對公司經營改革的決心、對自己決定的方針的堅定不移，以及在社長不支薪的情況下也沒有裁員，獲得了組織的信任。

有人說，改革是由「外人」、「年輕人」和「笨蛋」負責進行的。飛驒產業能夠起死回生的主要原因是，岡田社長身為一個在美國學過管理技術、發展過ＤＩＹ材料連鎖店的「外人」，**從與業界、員工不同的角度看待公司和事業**。

岡田社長也說：「飛驒產業內的常識無法用在全世界。」

對員工和組織來說「累積經驗」是好事。然而，這個世界是以光影法則為基礎的。隨著員工經驗的積累和公司歷史的增長，刻板印象在無意識下變得更加強烈，讓人只能從單一角度看問題，想法也變得固化。

如第2章所證實的那樣，為了規避改變現狀所帶來的風險的「現狀偏差」（第85頁），再加上「精益求精文化」（第93頁）的影響，一味地追求眼前的事物，結果導致無法因應環境的變化進行改革。企業雖然盡了最大努力，但依舊陷入了困境。

當我們進入一個快速變化的時代，我們必須有計劃地任用能夠用全新的光思考和行動的人，比如「從其他部門挖角」、「任用年輕人」、「聘請其他行業的人」等，**持續帶給組織「波動」**。

動之以「情」

～某公司繼承人的實例～

▼無人發言的高層會議

在我年輕的時候，我學到了領導組織改革最重要的東西。這是某間公司的繼承人（現任社長）的故事。

他在東京的大公司工作了六年後，二十九歲那年進入了父親的原料銷售公司。他從來沒有從父親那裡聽說公司經營狀況不好，但當他評估公司的資產時，發現公司已經資不抵債。但公司的工作方法還是跟以前一樣，沒有電腦，文書作業也都是靠手寫完成。員工對工作的態度與他之前工作的公司完全不同。

我也出席了那場高層會議，那是制定營運管理計畫的第一次會議。一開始，我跟所有參加者說明了會議的目的，以及會議進行方式。然後我看到了從未見過的會議情形。

當我向與會的最高層提出一個簡單的問題時，沒有得到回應。我暫停了一會兒，但高層依舊不作聲。我對著另一位與會者說：「那我們先來聽聽其他人的意見？」但卻依然得不到任何回應，實在令人無言。

這時，我臉上的笑容消失了。

我在腦海裡反復問自己：「發生什麼事了？是我做錯什麼了嗎？」。然後我又問了不同的人，但還是沒有反應。

社長繼承人當時還是總經理，他也參加了會議。但由於他算是這場會議實際的主辦者，在這種情況下，我便沒有向他提問。

由於所有人都不肯與我對上眼，會議繼續保持一片寂靜。後來我實在有點生氣了，便決定靜靜地等待，等到他們開口。實際上可能只有五分鐘，但體感像有三〇分鐘那麼長。最後大家似乎再也忍受不了了，開始議論紛紛。

這種情況是對推進改革的總經理的無言抗議、顧慮上級領導者，或是不知如何回答所造成的。

某天，一位老員工從客戶那邊回公司，十一點左右就開始在自己桌上吃中餐。總經理實在看不下去，忍不住說：「上班時間大家都還在工作，你能不能不要在這邊吃飯？」員工回答：「不用那麼努力嘛！」董事回說：「不，就是需要這麼努力。」

員工之間的合作關係也是一塌糊塗。

某位業務員親自前往客戶公司，努力開發新客戶。然而，不喜歡那位業務員的上級卻做出了不適當的行動，惹得客戶不高興，讓業務員到手的訂單飛了。這種情況簡直就是霸凌。

▼自己先採取行動

雖然公司有很多問題待解決，但最大的問題是資不抵債，所以首先要做的是必須提高銷售額。

因此，總經理首先關注的是開發新客戶。雖然他以前沒做過業務相關的工作，但也只能硬著頭皮做下去。

他一邊開著卡車給客戶送貨，一邊找不認識的工廠開拓客戶。剛開始的時候，他還不懂得要怎麼說話討客戶歡心，所以只能不斷在廠區門口報上自己名字和公司名稱，向他們鞠躬九十度打招呼然後離開。由於幾乎每天都到工廠報到，工廠內的工匠終於被他的誠意打動，總算願意討論關於訂單的事。

下一步是提升商品力。

由於公司和競爭對手的供應商大多是固定的，所以在商品（原料）上無法做到差異化。如果想在價格上做差異化也只是自找死路。我們能做的就是加快交貨速度。

公司的客戶有時會收到緊急訂單，如果趕得上交貨日期，公司聲譽就會跟著提高，未來也可能會有更多的訂單。客戶有設備、有人力來應付緊急訂單，但大多時候，問題出在原料沒有庫存。

客戶有時也會因為工廠出問題而急需原料。由於客戶沒有存放大量原料的空間，故希望公司能夠根據工廠的生產狀況，在適當的時間點快速送達所需原料。

為此，總經理首先與外部軟體公司合作，建立了一套先進的庫存管理系統。

另外總經理還找了新的供應商，新供應商進貨的速度很快，也能加快我們公司的交貨時間。總經理還為此把公司的進貨時間提前到早上六點。

產品不只是從右向左流動，還需要進行加工，如切割和拋光。為了盡可能加快發貨速度，總經理在完成發貨和業務作業後，晚上七點左右開始進行加工作業。

他幾乎連午餐都沒吃，就這樣從早到晚都在工作。

將激情和熱情傳播給周圍的人

▼無聲的努力讓人感動

關於豐臣秀吉的軼事，其中有一個叫「秀吉的大八車[3]」。

豐臣秀吉小的時候，有一次需要獨自將堆滿蔬菜的推車推到鄰村去。但在途中，輪子陷入凹洞中無法動彈。秀吉向身邊走來走去的人求助，但不論他怎麼拜託，都沒有人願意幫忙。

3　木製的兩輪人力推車。

秀吉只好放棄拜託其他人的想法，自己一個人努力，一次次嘗試著拉起推車。其他人看到這個場景後，紛紛過去幫忙，最後總算順利把車從洞裡拉了出來。

本來沒有一個人願意幫忙，但後來有很多人來幫忙推車。最後，終於成功把車拉出來了。

由此可見，如果自己不努力、不出力，只會出張嘴拜託人，就沒有人願意幫忙。這是一個告訴我們，**只要自己先採取行動，讓周圍的人看到你努力的樣子，他們就會向你伸出援手**的故事。

這正是這家原料公司發生的事。看到總經理認真的態度，一位年輕員工二話不說，一大早就自願來上班，幫忙送貨發貨。這樣一來，就可以提前交貨。

資深的業務人員也很努力。開發新客戶需要四處陌生開發跑業務。對於資深年長者來說，是一件很耗費體力和精神力的事情。但他們卻靠著地圖和電話簿做到了。在相乘效果之下，客戶數量迅速增加。

從工讀生升為正職員工的人，雖然有自己的家庭，但也一直工作到很晚。連外部的系統開發人員也願意協助我們迅速解決問題。

▼以「情誼」贏得員工信任

此外還有一個這樣的案例。

有一位和總經理差不多年紀的課長，很注重客戶，願意通宵達旦地工作，而且人也很好。只是不知為何，週一請假之後，他會在沒告知公司的情況下繼續不進公司。這種情況經常性的發生。

他請假四五天後，總經理就會去他家拜訪。有幾次我也跟著去了。由於之前也發生過這種狀況，所以公司也有一把課長家的鑰匙。

打開玄關大門時，發現屋內沒有一盞燈亮著，一片漆黑，總經理卻逕自走進去。我跟在總經理後面走，看到裡頭的房間有個人影，是坐在地上緊盯著牆壁的課長。

我大喊課長的名字，但卻沒有回應。再三呼喚他以後，他終於開始回應說：「是」、「對不起」。大概又過了三十分鐘，課長總算恢復到能夠對話的狀態。這時，總經理說：「那我們出發吧！」

我還在想到底要去哪裡，最後目的地是公寓附近的一家家庭餐廳。我們入座以後叫了生啤酒。當我們都喝完啤酒後，課長開始正常說話。總經理一邊聽他道歉，一邊說：「我們都很擔心你。請你明天要來公司，我們會等你的。」吃完飯，我們又送他回家。

第二天，他來上班並且照常工作。

但課長果然還是會週期性不來上班。有一天，當總經理又要去課長家看他時，一位年輕員工說：「讓我去吧。」

不過，由於這狀況已經重複多次，課長也學到了教訓。於是他在門上加了鏈子，即使有鑰匙也無法進入。那位年輕員工被激怒了，他回公司拿了工具（因為我們有進行切割加工，所以有切割硬物的工具），剪斷課長家的門鏈，硬闖了進去。

總經理多次請那位課長到自家一起用晚餐，還會陪他去精神病院。總經理也和課長的母親談了幾次，但情況仍未改善，最後課長還是提出了辭呈。

雖然課長最後還是辭職了，但總經理為他做了很多事，甚至比課長的家人還照顧他。

領導者需要有戰略眼光和執行能力。此外，要想團結和帶領大家，**對同伴的「情誼」**是不可少的。不只是對那位課長，總經理也很關心其他員工，贏得了員工的信任。

結果在他加入時已經資不抵債的公司，在十年後變得無債一身輕。而且市佔率從原本的第五名，一躍成為業界第一。與同行、類似規模的其他公司相比，員工的薪資也高出許多。

這些年來，我見過很多不同的領導者和組織，學到了很多關於領導力和組織管理的知識。但我認為，能激發員工積極性的核心，就在那位總經理的身影中。

與利害關係人的「對話」

▼重生的丸井百貨

丸井百貨以其「○—○—」的標誌而聞名，是日本零售業的佼佼者。在成立之初，丸井百貨透過按月分期付款銷售傢俱來拓展業務，並且是日本第一家發行信用卡的公司。近年來，他們一直在加快零售＋金融科技（FinTech）商業模式的進化。

在零售業方面，他們從透過採購和銷售獲得收入的「百貨公司型」商業模式，轉變為與租戶簽訂固定期限的租賃合約，獲得穩定租金收入的「購物中心型」商業模式。簽訂定期租約的賣場面積比例從二○一四年三月期的一四％增長到二○一九年三月期的七六%。

這樣做是為了因應消費從「物」到「事」的轉變，以及共享經濟的興起。透過租賃的形式，讓餐飲、服務等「事」更容易提供。這個轉變是成功的，進店的顧客數量也創下了歷史新高。

接下來還要更進一步。這是一家「不賣任何東西」的店。這個概念叫做「數位原住民商店」（digital native store），它的目標客群是那些打從出生就處於數位產品環境的年輕人，他們被稱為數位原住民。

相對於採用網路直接銷售給消費者的Ｄ２Ｃ（Direct-to-Consumer）模式的企業，或是共享經濟及線上快速發展的企業，丸井百貨的目的是提供線上無法體會到的使用者體驗，以及使用者之間的社群場所。

這是對兩種需求的回應：一是希望透過為使用者提供實際店鋪的體驗和社群來提高顧客終身價值（Lifetime Value, LTV），二是隨著線上開發新客戶的單位成本增加，希望透過現實的接觸點增加新客戶。

丸井百貨正試圖扮演一個連接現實世界和網路的橋樑角色。

在金融科技領域，丸井百貨發行的信用卡（Epos卡）交易額已經超過二兆日圓。

丸井百貨的信用卡不只提供電信費用和電費、水費等的直接扣款服務，也提供以信用卡支付租金的服務。截至二〇一九年三月期，被稱為經常性收入（recurring revenue）的持續性收入比例較五年前增加了一倍以上，達到了五四%。故在相同業務類別的公司全面陷入困境時，丸井百貨卻實現了連續十個季度的營業利潤增長。然而，在實現快速發展之前，丸井百貨也曾陷入非常困難的境地。

▼基於「共創管理」的對話

在一九八〇年代，丸井百貨以「紅卡丸井」的口號刺激年輕人的信用卡消費需求，不斷發展壯大。但在一九九一年創下最高利潤紀錄後，公司進入長期停滯期。丸井集團現任總裁青井浩將這種困境歸結為「公司因過去的成功經驗而無法改革百貨公司式的經營模式」所致。

在丸井集團內部，對改革有一種根深蒂固的抵觸情緒，起因是對過去「年輕時期丸井」的光輝歲月耿耿於懷（這種情況在丸井內部被稱為「認同過去的成功」）。而按月分期付款銷售傢俱、發行信用卡等「開創性的創新銷售模式」這種重要的成功因素卻被遺忘了。

丸井集團試圖擺脫這種困境。但做的卻是組織調整，以及引入只看績效的人事考核制度，而不從根本上創新商業模式。公司與員工之間的信任關係開始出現裂痕。

組織失去了活力，業績下降。而隨著業績的惡化，公司上下及同事之間的關係也變得緊張起來，陷入了一種惡性循環。

讓丸井百貨走出困境的是基於「共創管理」理念的對話。這是基於**與股東、顧客、員工等利害關係人對話**的理念，以提高雙方的幸福感和利益的行動。

與顧客對話從創造對話的機會開始，不在賣場，而是在其他地方舉行座談會。在座談會中，能夠瞭解客戶的想法，獲得產品與服務的建議。

丸井百貨透過與顧客的對話，開發出了一款爆紅的自有品牌商品：舒適美形鞋。這系列的鞋子因為不分年齡、不分收入的人都能輕鬆購買，「Epos金卡」便應運而生。順帶一提，現在這張「Epos金卡」已經佔了日本信用卡交易總金額的六成以上。

丸井百貨在日本九州開第一家店前，一共開了六〇〇場「顧客企劃會議」。顧客企劃會議是負責人與約十名左右的顧客一起開會，每次約一到兩個小時。丸井百貨跟參與網路社群的一．五萬名顧客進行了對話。即使股東和投資人嫌他們準備時間過長，丸井百貨仍花了兩年時間做開店準備。

▼透過與員工對話改變組織文化

丸井百貨同時還透過與員工對話，改變了組織文化。

他們堅持為不同崗位、不同職稱的員工創造對話的機會，讓他們以小組的形式開會，討論他們「對工作的看法」、「對工作的滿意度」以及「對丸井百貨未來的期待」。對話的結果，讓管理階層意識到，從前那種領導者帶頭的作風已經無法應對環境的變化。他們開始提拔年輕人，安排他們負責重要職務，而領導階層則改用僕人式領導（servant leadership）的方式來支援年輕人。

這些員工之間的對話機會至今仍以各種形式持續存在。以丸井百貨「中期經營計畫推進會議」為例，他們從一〇〇〇～一五〇〇名報名者中選出三〇〇名員工，一起討論對未來營運經營有重要意義的主題。

有人說，人與人之間會創造附加價值。透過對話相互激發創意，就會生出個人思維框架內不會出現的想法。透過與他人分享自己的想法，讓他們傾聽自己的想法，也能夠找出自己內心真正的願望和應該做的事情。了解對方在想什麼，也會產生一種合作意識。

丸井百貨的這些嘗試，為如何擺脫成功經驗的黑暗面，以及如何進行組織改革提供了重要的發展經驗。

第4章

創造一個超越黑暗面的未來

懷疑「假設」，不斷質疑真正的目的

▼假設是錯的

我們現在生活在一個瞬息萬變、難以預測未來的時代。在本章中，你將學習到如何在這樣的環境中克服成功的黑暗面，展現領導力，以及今後需要關注的問題。

我還將重點式地介紹一些你需要關注的事情，讓你的組織、團隊和員工為變革做好準備。

首先請閱讀以下內容。

山田擁有二十五年的建築業經驗，並擔任工地監工十五年以上，是一位建築業界的資深從業人員。目前正負責一棟十二層的公寓，工期只剩下不到五個月。由於梅雨季綿連不斷地下雨，再加上颱風連連報到，進度大幅落後。

正常情況下，會以工期優先，讓承包商多派些人手，以人海戰術彌補延誤的時間。但由於最近人手不足，無法發放額外的津貼，只好要求原本的工人繼續加班，或是在假日工作。

工人人數已經不足了，還要強迫他們加班。正當他們擔心工匠會不會過於疲勞時，發生了意外。

一名工人在五樓粉刷鋼骨時，不慎從鷹架上踩空跌落。雖然他當時有繫好安全帶，但踩空的衝擊力還是造成鉤子附近約二十公分的繩子斷裂。

墜落的工人是山田的長子，他也在同一個工地工作。

山田一聽到發生墜樓事件，便急忙趕到現場。當山田穿過人群走近傷者時，發現自己的兒子躺在地上，額頭血流不止。而且他似乎已經失去意識，叫他的名字也沒有反應。

這時山田突然發現，自己的對面有個男人牽著兒子的手。那名男子喃喃自語道：「我兒子快不行了。」

這到底是怎麼回事？

乍看之下很奇怪。你明白發生什麼事了嗎？文章並沒有寫錯。是的，其實「山田」是位女性。她對面的男人是她的丈夫，而跌落地上的是他們的孩子。

當很多人看到男子說：「我兒子快不行了」時，會覺得很奇怪。因為他們有著「建築工地的監工都是男性」的假設（成見）刻板印象。

我們容易被這些固定的思考、看待和做事方式迷惑，以至於忽略了其他的選項。

正是這些**根深蒂固的假設導致了負面事件的發生**。

這些假設導出了錯誤答案，而這些假設往往是成功經驗帶來的結果。

▼被過高目標壓垮的業務人員

有一天，某家公司的人力資源部部長向我諮詢。他們公司的年輕業務員的離職率高，而且也不積極。他問我有什麼辦法可以改變這種狀況。

聽完人力資源部部長的說法，我跟幾位年輕的業務人員、資深業務人員以及他們的主管進行了一對一的訪談。

年輕及資深業務員幾乎一致認為，「上面訂立的目標對於年輕人來說過高」。

由於目標定得太高，與自身的能力不符，造成很多人在一開始就抱著「絕對無法達成」的態度，也提不起勁去實行。

幾個月後，目標與現狀之間的差距就會變得很大，大多數人都會陷入一種不在意目標、漫無目的工作狀態。

這樣一來，他們就會失去作為一名業務員的真正意義，即熱情地朝著一個目標努力，體驗達成目標的成就感。

此外，這也導致他們對自己是否適合從事業務工作產生了懷疑，很多年輕人因此選擇離開公司。

我單純地想說：「那訂個合適的目標不就好了？」但當我把這話告訴人力資源部部長時，他沉默了。

為什麼呢？

因為訂出過高目標的人是公司高層。

公司總經理和業務部部長以前都是極為優秀的業務員，他們透過給自己制定非常高的目標，進而改變了自己的思想和行為。他們取得了豐碩成果，也增強了自信和自豪感。

因此，即使年輕業務員一直無法實現目標，但因他們相信這能讓年輕人成長，也就繼續制定高目標。

然而，高難度的目標並不適合每個人。現實狀況是，下屬們都出現了被擊潰而失去動力的情況。

總經理或是業務部部長都不是怪人。從和他們交談時就可以發現，他們有常識，而且對員工的情誼也很深厚。然而他們堅定地認為，「設定艱難的高目標是成功的先決條件」。

讓批判性思維成為一種習慣

▼養成去除「無意識假設」的習慣

英國哲學家約翰・史都華・彌爾（John Stuart Mill）曾說過：「表面上最明顯的事物很容易被認為是事件的起因。」

造成總經理和業務部部長的成功有很多原因，然而對於他們兩個人來說，最明顯的「艱難高目標」成了金科玉律，在業務部門內形成了一種誰都不敢否定這個理論的氛圍。

我在第1章也說過，索尼在沒有分析其成功因素的情況下，面對蘋果公司改變市場遊戲規則的舉動，仍固守隨身聽，一味追求功能性的結果是造成索尼在音樂市場的地位低落（第26頁）。還有把「海戰要務令」和「大艦巨砲」當成日俄戰爭成功因素的日本海軍，在太平洋戰爭中吞下敗仗（第62頁）。

這些都是**假設「容易被注意到的事物」是成功原因而導致失敗**的例子。

在「現狀偏差」的影響下，這些假設得到了進一步的強化。「現狀偏差」是指情緒性地傾向維持現狀，而「確認偏誤」則是指傾向關注可以補充、強化我們先入為主的觀念和願望的資訊，而忽略那些不符合的資訊。

結果，我們陷入了被無意識的假設和成見束縛的境地，無法對環境的變化做出反應，繼續做一些無用的事情。從某種意義上說，它使領導者成為**「熟練的無能者」**。

尤其是未來的領導者，更要有消除這種無意識假設和成見的習慣。具體來說，就是**讓批判性思維成為一種習慣**。

▼傳統技術與新點子結合

批判性思維是一種去除不良假設、成見和偏見，正確看待事物的思維方式。

第3章（第141頁）介紹的傢俱製造工廠飛驒產業對不能使用杉木等有結的針葉木的假設提出了質疑，並自問：「真的是這樣嗎？不可以嗎？」透過批判性的思考，推翻了公司與業界的成見和常識。

二〇一五年被《日經商業》雜誌評選為「創造下個世代的一〇〇人」之一的專業經理人伊藤嘉明，也用批判性思維打破了組織中的陳舊觀念。

伊藤先生曾在戴爾（Dell）、索尼影視娛樂（Sony Pictures Entertainment）、海爾（Haier）亞洲等公司任職。最近他接受了來自原三洋電機的生活家電部門組成的海爾亞洲（現名Aqua）的挑戰，試圖重振旗鼓。海爾亞洲自母公司三洋電機時代起，已經連續十五年處於虧損狀態。

伊藤先生上任後，先是走訪家電賣場。他在對比各家公司的冰箱、洗衣機等生活家電用品時，發現了一個問題。

在「每年可以省下X元日圓電費」、「比傳統產品更安靜」、「洗滌槽自動洗滌」等功能上，各家廠商的洗衣機都沒有明顯差異。消費者根據與自己預算相匹配的價格做出決定。

顯然，所有的公司都被「生活家電就該是這樣」的成見所束縛。所以我們要進行批判性地思考。

「洗衣機一定要放在家裡嗎？」

「如果有一台可以放在包包裡的攜帶式洗衣機，不是很方便？」

思考出來的結果就是「COTON」。這是一款攜帶式洗衣機，當你把食物沾到衣服上時，就可以當場清洗。於是它成了第一年就賣出四十萬台的熱門商品。後來，那間公司又推出了無水洗衣機「Racoon」，是一款利用臭氧洗淨西裝、絲綢、皮革等不能用水洗的物品。

無論是「COTON」還是「Racoon」都不是什麼新科技，都只是利用現有技術改變思路和觀點而創造的產品。

▼批判性思維的重點

批判性思維有三個重點。

首先是**目標導向**。當你想解決問題的時候，或者思緒被困住的時候，先問問自己：「目的為何？」、「想達成什麼？」

我來講個故事。有一個男人走進一家酒吧。他坐下來，要了一杯水。酒保掏出了手槍。隨後，該男子說了聲「謝謝」，就離開了酒吧。

怎麼回事？為什麼那人為什麼說謝謝就走了？

答案是這樣的。該男子要了一杯水，以阻止他嚴重的「打嗝」。於是，酒保做了他認為最有效的事。就是這樣的一個故事。

這就是第2章中所介紹的麴町中學校長工藤校長在做的事（第110頁）。考慮到學校教育的目的是「讓孩子在社會上能活得更好」、「培養孩子獨立自主思考、行動和自律心」，於是採取了沒有回家作業、不進行期中和期末考試、取消班導師制度等關鍵政策，並取得了實際成效。

第二就是我目前所提到的。**每個人都可能用被侷限或是錯誤的假設來進行思考。我們需要意識**到這一點。

然後第三是要**養成不斷質疑目的與假設的習慣**。

「解決這個問題的根本目的是什麼？」

「這個企劃的目的是什麼？」

「你剛才說的意見是基於何種假設之上？」

「這個假設的A跟B是真的嗎？」

「你是否從一套固定成見（刻板印象）中得出你的答案？」

「這個人的意見是基於什麼樣的假設？」

有了對自己和他人提出這些問題的習慣，就能採取適當的行動。

管理每個人的「個性」

▼瞭解人類行為

「知己知彼，百戰不殆。」這是孫子的名言。

其中「知己」可以防止成功經驗的黑暗面浮出水面，提升自己、團隊和組織的績效。

人際溝通分析（Transactional Analysis，簡稱TA）是一個分析人類行為的理論。該理論由加拿大精神科醫師艾立克．伯恩（Eric Berne）所提出，被用作自我分析及如何與他人建立圓滑人際關係的工具。

在應用研究中，他的學生約翰．M．杜賽（John M. Dusay）等人創造了「自我圖」（egogram）來分析人格結構。首先，先來解釋一下自我圖。

請參考下頁的圖，人的個性傾向可以分為三大類。

P（父母）是一般父母親所具有的人格傾向。其中P又可以分為CP（嚴控型）和NP（保護型）。CP和NP有時又分別被稱為FP（父性）和MP（母性）。

A（成人）是一種理性人格，代表了成人冷靜、理性決策的傾向。

C（兒童）可以分為兩類：FC（男孩化、自由奔放的人格傾向）和AC（女孩化、順應周圍環境的人格傾向）。

在人際溝通分析中，認為每個人都有這五種性格傾向，並會根據不同的場合、對象使用。

自我圖概要

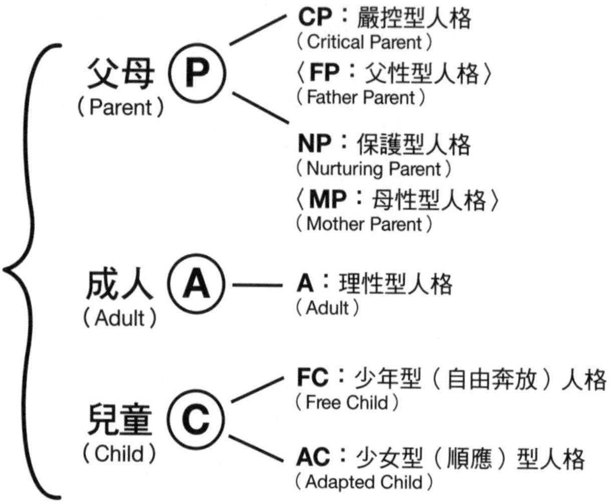
父母 P
(Parent)
CP：嚴控型人格
(Critical Parent)
〈FP：父性型人格〉
(Father Parent)
NP：保護型人格
(Nurturing Parent)
〈MP：母性型人格〉
(Mother Parent)
成人 A
(Adult)
A：理性型人格
(Adult)
兒童 C
(Child)
FC：少年型（自由奔放）人格
(Free Child)
AC：少女型（順應）型人格
(Adapted Child)

自我圖的人格傾向

人格		CP（父性）	NP（母性）	A（理性）	FC（自由）	AC（順應）
優點、缺點	＋	• 正義感 • 領導力 • 責任感 • 嚴格的態度 • 勤奮努力 • 以自我為中心	• 保護性 • 同理心 • 同情的 • 愛照顧人 • 志工精神 • 具包容力	• 理性的 • 合理的 • 現實的 • 分析型 • 智慧型 • 重視效率	• 好動的 • 創造性 • 積極性 • 好奇心 • 具行動力 • 開朗的	• 合作的 • 順應的 • 具有改善的能力 • 為他人著想 • 傾聽他人聲音
	－	• 自以為是 • 主導性 • 懲罰性 • 權威性 • 批判性 • 完美主義	• 過度保護 • 過度干涉 • 含糊不清 • 干預性 • 自虐的 • 逃避主義	• 機械性的 • 自認高人一等 • 給人冷漠印象 • 不會察言觀色 • 凡事計算	• 衝動型 • 不善規劃 • 侵略性 • 以自我為中心 • 無法遵守制度規則	• 追隨性的 • 消極被動 • 防衛型 • 反抗心 • 過度揣測上意 • 引起他人同情
常見表達、表現方式		• 必須做〇〇 • 除了××以外沒有其他辦法 • 強加於人的口氣 • 脅迫性的 • 斷定的	• 我想幫你做〇〇 • 肯定 • 柔軟 • 同情口氣	• 更具體地說…… • 5W3H • 易於理解 • 冷靜	• 喜歡用擬聲詞 • 開朗的 • 話題跳來跳去 • 感性 • 明顯表現出喜、怒、哀、樂	• 用〇〇可以嗎？ • 句子較長 • 懂得選用適當語句 • 矜持
判斷軸		輸贏、善惡	貢獻	損失和收益理性、非理性	愉快、不愉快	來自其他人的評價

例如，一個小女孩可能會像父親一樣嚴厲地斥責犯錯的弟弟。即使是平常表現嚴格的管理階層，在久別重逢的同學會上，也可能表現得像個少年。

此外，每個人在五種性格傾向中都有自己的優勢和劣勢，這就是性格、個性上的差異。

▼自我圖的性格傾向

我們來看看上一頁表格中的五種性格傾向。

在這五種性格傾向中，最強烈的性格傾向往往是最明顯的。而光影法則也在這種性格中發揮作用。

通常個格有好的一面，也有壞的一面。有時性格中好的一面會顯現出來，有時是壞的一面顯現出來。

比如說如果「正義感」過頭了，就會「自以為是」。「保護性」如果太過火，就會變成「過度保護」，寵壞對方。

我們分別來看看這五種性格特徵。

CP（父性）

CP（父性）就像昭和年代初期~中期[1]的嚴父。

責任心很強，有道德心，既勤奮又努力。經常在團體中擔任領導角色，並被他人認為是強韌和可靠的。

1　西元一九二六年~一九五七年。

缺點是他們自以為是，不太能接受別人的意見。此外，他們往往過於嚴格，有著較難相處的一面。

如果下屬對他們說話不拘禮節，他們就會對下屬說教。

另外他們也是容易產生成見的類型。

NP（母性）

NP（母性）的性格就像一位溫柔慈祥的母親。

他們在與人相處時，具有保護性和包容性，基本立場是先接納對方或事物。

不同於CP（父性），他們容易與人打交道，受到很多人喜愛。

他們往往很細心，具有強烈的幫助和貢獻他人的願望。因此，他們會去收集各種資訊，NP高的人很可能消息靈通。

但他們往往會對別人進行過分的干涉。就像小孩晚回家時，母親會問小孩：「你和誰在一起？」、「你去哪裡了？」或「你做了什麼？」

由於他們做事八面玲瓏、優柔寡斷，會傾向避免做出明確的決定。另外他們也容易將問題拖著不解決。

A（理性）

A（理性）的個性傾向像是理性的商業人士。

他們思維敏捷，工作完成得很快。思維具有邏輯性和現實性，故很多決策都是正確的。講話方式也易於理解，不會讓人誤解意思。

但他們有時做事非常機械性，不為其他人考慮，從而引起爭端。他們也容易給周圍的人留下冷漠的印象。

FC（自由）

FC（自由）的形象是一個調皮的男孩。

他們天真爛漫，內心的喜、怒、哀、樂表現得很明顯。好奇心強，喜歡新事物。他們充滿活力，能夠以不同於他人的方式進行創造性思考。

他們適合做重複性低的新工作、開發新客戶和研發業務，是那種能給組織帶來新氣象的人。

另一方面，他們往往不擅長重複性高的例行作業。而在業務方面，他們善於開發新客戶，但不擅長定期拜訪、培養客戶。他們也並不善於事前規劃或計畫。

他們不善於整理，把東西整理得井井有條對他們來說是件困難的事。包包和錢包裡頭經常是一團糟。他們不喜歡受到束縛或遵守規則。會是很棘手的下屬類型。

AC（順應）

AC（順應）有著聽話女孩的傾向。

他們崇尚和諧，善於合作，注重他人的感受。

他們在重複性高的工作上表現突出。而在業務方面，則是通過長期、持續、真誠地回應客戶，與客戶培養深厚感情，從而贏得客戶的信任。他們也具有較強的改善能力，適合提高產出和效率。

相對地，他們往往不喜歡全新或是重複性低的工作。他們可能擅長一點一滴慢慢進步，但不太會進行飛躍性的思考。

而他們對別人的順應性過強，常會過度揣測別人的意思。不表示自己的意見而傾向跟隨別人的意見。

以上就是五種性格傾向（自我圖約有五十道題目，有很多網站都可以進行測試）。

順帶一提，據說日本人平均NP（母性）和AC（順應）的數值都很高。家裡設置佛壇，年底擺放一棵聖誕樹，新年會去神社參拜。世上很難找到一個如此包容多宗教，而且只將好的部分融入日常生活中的民族。

其中，日本人最擅長的是以豐田為代表的「改善法」。他們善於團體合作，工作有條不紊。

但是日本從整個國家和組織層面來說，往往會將問題拖著而不去解決，也不善於做出艱難的決定。

日本擅長將一化一・一，但不善於換位思考與行動，化一為十。他們也不善於改變遊戲規則。

日本人多了一份職人的氣質，卻少了一份創新者的氣質。他們自古以來是農耕民族，不會像狩獵民族那般思考和行動。

用自我圖來進行管理

▼牢記「黑暗面」

根據自我圖，我們需要注意兩點。

一是**了解自己性格傾向的優、缺點而後行動**。

具有強烈CP（父性）傾向的領導者，是一種很有可能導致下屬和組織停止思考的人格，這一點在第1章〈優秀的領導者反而會毀掉下屬〉（第66頁）的後半部分有討論。

在強有力的領導下，優秀的領導者會按照自己的政策調動下屬，取得成功。越是優秀的人，他們所下的政策和指示就越是正確，下屬的反對空間就越小。但如果這種情況持續下去，下屬就會對「上頭」產生依賴。此外，由於優秀領導者對自己和他人的要求很嚴格，往往容易訓斥下屬。結果使得下屬變得很洩氣。

下屬會開始擔心「什麼才是實現目標和解決問題的最佳措施？」、「怎樣才能讓顧客滿意？」、「怎樣才能避免讓老闆生氣？」、「上司想要的正確答案是什麼？」

由於下屬怕被責備，他們就會把報告中的不安因素、問題都隱藏起來。上面得不到真實的資訊，於是領導者變得像〈國王的新衣〉裡的國王般赤裸。

AC（順應）高的領導者往往是保守和謹慎的。雖然他們覺得現狀有問題，但他們往往有帶有「現狀偏差」，即避免改變的風險，傾向保持現狀。所以他們可能只會等到問題發生之後被動地接受，再來尋找對策。

以上的敘述都有些極端，但這就是個性傾向起了負面作用的結果。在管理團隊和組織時，必須考慮到個性傾向的「黑暗面」。

▼打造一個截長補短的組織

另一點要注意的是**互補性**。

人難免會對與自己相似的人產生親近感和安全感。如果他們的價值觀相近、很談得來，就會形成一個相似度很高的群體。

有某間公司對所有的員工進行了這種自我圖測驗，並按照他們加入公司的年份順序排列，發現具有相同性格傾向的人都是在差不多的時間加入公司的。為什麼會這樣呢？

因為在招募新員工的時間，所有的招聘決策都是由當時的人力資源部部長負責，所以只有和部長類似性格類型的人才會被錄用。

同質群體往往具有相同的價值觀，所以他們在制定政策和採取行動時容易相互配合，在短期內取得成功。但也由於他們的相似度過高，不只強項，連弱點也是一致的。

另外組織內會進行分工，力求達到乘數效果。目標是使1＋1不只等於2，而是會變成3、4……10。

能夠開發新客戶，能夠把重複性高又複雜的會計工作處理得很好，還能夠在貼近年輕員工想法的同時培養他們，像這樣能把所有事情都做得很完美的人並不多。互相截長補短，以自己的優勢為組織做出貢獻，就能達到乘數效果，實現雙贏。

為了避免陷入成功經驗的黑暗面，需要建立一個具有各種不同個性的組織，並有意識地與上、下或同事間，能與自己互補的人形成夥伴關係。

領導者應該率先「失敗」

▼「失敗後重新站起」的能力是競爭力的源泉

IBM實際上的創始人托馬斯．J．華生（Thomas John Watson, Sr.）給我們留下了這樣的話。

「如果你想快速成功，就必須以兩倍的速度經歷失敗。因為成功就在失敗的彼岸。」

據說，狗的一年相當於人類的七年。「狗年」（dog year）一詞是用來比喻世界上的快速變化。但「狗年」已經不夠了，現在已經是一年內會發生十八年份變化的「鼠年」（mouse year）了。在這個時代，我們需要快速迎接新的挑戰，並在犯下「好的錯誤」的同時，創造出一套暢銷的體系。我認為，一個組織或團隊能否在「失敗後重新站起」是競爭力的來源。

那我們需要做什麼來培養組織和團隊的這種力量？領導者必須率先主動示範。**組織或團隊的領導者必須不斷接受新的挑戰，展現失敗。如果只是嘴巴上說說，大家就會因為害怕失敗、害怕被指責，而不願意行動。**領導者必須親自示範給下屬看。

在我年輕時，職場的前輩們曾經在喝酒時給我講過一個故事。

「在相撲中，一個相撲力士在同個場地中要進行十五場比賽。照理說相撲力士的目標應該是十五勝〇負的完美戰績，但我們不能以此為目標。如果我們能連贏十五場，就是因為一直在輕鬆的場地上戰鬥。如此一來我們就不會成長，也就沒有未來。我們應該要知難而上，時而成功，時而失敗。即使失敗，也要繼續**以八勝七負**

的成績取勝。這才是公司中長期政策的重要之處。」

當領導者率先主動出擊，讓員工見到勝利和失敗時，就能使組織和企業人員獲得VUCA時代[2]所需的重要能力（行為特徵）。

2　VUCA是volatility（易變性）、uncertainty（不確定性）、complexity（複雜性）、ambiguity（模糊性）的縮寫，意指未來的時代將處於易變、不穩定、複雜且模糊的環境狀態。

營造適度的壓力狀態

▼使人成長的「挑戰圈」

美國心理學家羅伯特・M・耶基斯（Robert M. Yerkes）和約翰・D・多德森（John Dillingham Dodson）提出了「耶基斯—多德森定律」（Yerkes—Dodson law）。

這個定律指出，當我們承受一定的壓力時，表現會比完全沒有壓力時要好，所以創造適度的壓力狀態是很重要的。

「三大心理領域」的概念就是順應這一趨勢提出的。

請參考第207頁的圖表。

位於圖中心的舒適圈（comfort zone），指的是一個安全舒適的環境。在這個環境中，你可以完成自己擅長的熟悉的任務和作業，並在熟悉的人際關係中度過。

舒適圈外面是挑戰圈（stretch zone）。

這是由於困難的任務和新的挑戰所帶來的一種心理上的壓力狀態。不過這裡的挑戰指的是稍微努力即可達成，而非過於困難的挑戰。因為挑戰能提升工作技能和心態，所以也被稱為學習區。

最外面的是混亂圈（panic zone）。

這邊指稱的是為了在嚴峻形勢下實現目標或解決問題，造成極大壓力的狀態。這是一種高風險、高報酬的類型，成功者能得到顯著的發展和成果。換句話說，這是一般人不會主動進入，也無法輕易進入的領域。但如果是從小受精英教育的人，則可能會有數次進入混亂圈的經驗。

▼當發現空隙時，就施加挑戰

人類大腦的設計基本上是為了尋求「快樂」，避免「不適」。因此，人們大多會自然而然地傾向待在自己的舒適圈。然而，這卻使成長停滯不前。長期待在舒適圈，會造成無法適應環境變化的局面。

經營管理階層、部門和部門管理者、團隊領導都需要有意識地為個人及整體組織創造一個挑戰圈。

具體來說，有時要視組織、下屬的壓力狀況和成熟度，必要時強加挑戰目標，迫使他們改變想法（但前文所述的給年輕業務員設定過高目標，或持續性的挑戰目標是錯誤範例）。

「昨天做的事，今天也要做。今天做的事，明天也要做。」不要讓員工在這種停止思考的狀態下工作，而是在工作上要時常尋求創新與改進。

三大心理領域

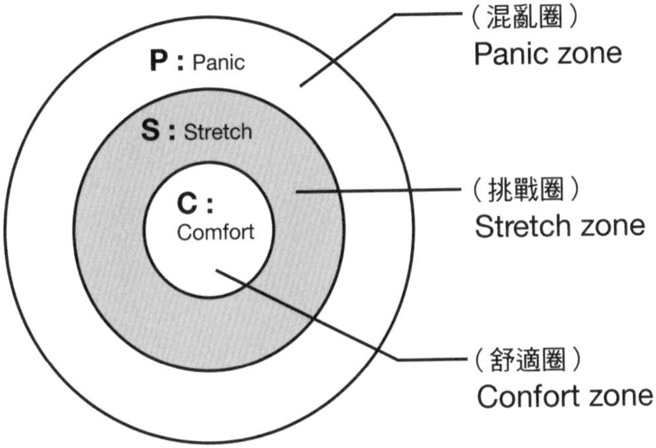
P : Panic
S : Stretch
C : Comfort
（混亂圈）
Panic zone
（挑戰圈）
Stretch zone
（舒適圈）
Confort zone

要讓他們承擔更多更難的任務和職責，即使是重複性高的日常工作，也要要求他們多想、多動，這樣就能更快、更準確地產出。

「當發現空隙時，就施加挑戰」，準備好挑戰圈，這樣才能打造出強而有力的組織和下屬。

改變「時間感」，引入「異端份子」

▼高速執行PDCA循環

在我近三十年的人力資源和組織發展顧問經驗中，我見過各種各樣的公司。我發現那些克服了成功經驗的黑暗面並不斷繼續發展的公司有幾個共同點。

其中一個是他們「選了良好的競爭場所」。成長型企業不斷向有潛力的行業、產品和領域拓展。換句話說，他們是在競爭薄弱的領域作戰。

另外是「體現理念的程度」。在公司裡，經營理念、信條等東西不僅是裝飾，而是被很多員工所理解和認同。也可以說，這種理念每天都在被員工在自己的工作場所和責任範圍內付諸實踐。

另外就是**速度**。

其中最著名的公司就是亞馬遜。自成立以來，亞馬遜每年都能維持二〇%以上的營收成長。

亞馬遜不僅商品能「當日配送」，甚至「最快一個小時內配送」，而創造這個系統的人的決策和實行速度也相當快。亞馬遜的前員工和在職員工都表示，工作速度比之前的工作要來的快很多。

在我認識的成長型企業中，不論是總經理和員工的對話中提到的事，或者在管理會議、部門會議、跨部門專案會議上討論過的事情，我一個月之後去拜訪他們時，討論事項已經跟之前完全不同了。這是因為他們以高速執行ＰＤＣＡ循環。

這些公司都有一個共同點：員工的工作速度快。

不論是客戶或上級的要求，或會議上的決定事項，員工們會立即打開筆記本（或智慧手機、平板電腦），開始進行計畫、安排和調度。然後，**迅速做出第一步行動**。

當大多數員工以這種方式工作時，自然會提高整個組織解決問題的速度。即使出現了突發狀況，也有足夠的時間做出適當的反應。

相對地，業績低迷的組織則會出現相反情況。

我去拜訪他們的時候會發現，明明一個月前就討論過的事情，卻一再反復進行討論，而且也沒有做出結論。很多員工把問題放著不處理，不願意行動。結果不僅工作堆積如山，處理起來疲於奔命，更經常出現只能半途而廢、看不到成果，錯過交貨期限的情況。

這種公司光忙著四處救火都來不及了，當然無法為未來採取先發制人的行動，將陷入越來越貧困的狀態。

組織改革需要改變戰略、產品、人力資源等各種要素，但最重要的是**改變時間觀念，這是改革的源頭**。改變已經成為習慣的慢速感，是一個重要的關鍵。

▼故意引進「異端份子」

在第2章中，我介紹了一個關於習得性失助的實驗，是一個關於梭子魚的故事（參見第124頁）。

將一條梭子魚和一條小魚放在同一個魚缸，中間放一個透明的隔板，把梭子魚和小魚分開。梭子魚想吃小魚，但因為撞到隔板而吃不到。

梭子魚一次又一次地嘗試著吃小魚，過了一陣子，梭子魚就放棄了。即使後來把隔板移開，梭子魚再也不會試圖吃小魚。即使小魚就在它的眼皮底下也不會去吃。

如果一直努力卻沒有得到任何結果，就會產生無力感，陷入不想努力的狀態。成見源於經驗，儘管情況和環境發生了變化，但我們還是會不自覺地採取非理性的行動。

其實，梭子魚的故事還有後續。

在原本的梭子魚魚缸中放入一條新的梭子魚，新來的梭子魚很快就把小魚吃掉了。然後原本的梭子魚就會驚訝地發現：「原來吃的到喔？」

當原本的梭子魚看到新來梭子魚的行為後，帶著疑惑開始接近小魚，然後張開嘴試著吃小魚。「好好吃！原來我也吃的到小魚啊。」原本的梭子魚便開始恢復像以前一樣吃小魚。

正如我之前所提到的，累積經驗的黑暗面是會形成不良的成見。如果我們只從一個角度看問題，想法就會變得固定化。然後會不自覺地被公司和組織的常識所束縛，認為「○○就是××」。

當你在同一個地方長年累積同樣的經驗時，組織中的每個人都很容易有同樣的成見。

所以這時就該**引入異端份子（外人）**。

在公司裡要尋求和接受其他部門和職業的調動。在招聘非新鮮人的轉職人員時，聘用的人不是來自同樣產業，而是來自不同產業和領域。反而該勇於引進與現有成員的價值觀、志向不同的人。

同性質的人所組成的集團，對於領導階層和下屬來說是一個舒服的舒適圈。如果沒有意識到這一點，他們將繼續同質化下去。因此，要想在組織中產生「波動」，就必須定期、有計劃地引進異端份子，打破陳規陋習。

領導者還**需要注意如何防止這些異端份子變成同質的人**。要傾聽他們的疑惑，接受他們的建議，該改的就改。透過領導者率先主動改變陳舊成見，可以幫助下屬進行批判性思考。

瞭解妄想的機制

▼賦予意義左右了情緒和行為

提高組織力的要素可以用「人間[3]」這個字來解釋。

人：透過提高每個人的技能、心態、動力等素質，整體組織的力量就會增加。

間：關係。透過改善人與人之間、部門與部門之間的關係，提升組織力，創造附加價值。

3　「人間」為日文漢字，即中文的「人類」。

在本節中，我們將探討阻礙員工和部門之間關係的原因，就讓我們來看看可以採取哪些步驟來提升組織和團隊的力量。

由美國心理學家艾利斯阿爾伯特・艾利斯（Albert Ellis）所提出的理性情緒治療（Rational Emotion Therapy，也稱理性情緒行為療法，是心理治療的一種）中，有一個核心概念叫做「ＡＢＣ理論」。

他認為：「事件本身並不能直接決定人們的情緒和行為，在人們賦予事件意義後才會影響情緒和行為。」

示意圖如下。

A：緣起事件（Activating Event）

↓

B：信念（Belief）

↓

C：情緒與行為的結果（Consequence）

我們對「緣起事件」的「信念」，決定了我們「情緒與行為的結果」。

補充舉例，即使一群人在同一處經歷了同樣的事件，因每個人對事件的認知方式不同，會產生不同的感受、想法和行為。比如同樣的事有的人覺得讓他充滿了幹勁，有的人則會感到失落。

我用一個簡單易懂的例子來說明，請參考第221頁的圖。

圖中左側的樣本一，是一位進入公司半年的年輕員工X。

A：緣起事件

向老闆提交了一份提案，準備提交給客戶。他花了很多時間準備。然而，上司卻給了一個不好的評價。

↓

B：信念

對被上司否定這件事，他認為「明明已經花了那麼多時間準備，自己果然很沒用。」

↓

C：情緒與行為的結果

他覺得「自己不適合這份工作。應該換個工作。」

另一方面，右邊的樣本二，是另一位同樣在公司做了半年的年輕員工Y。

A：緣起事件

就像員工X一樣，員工Y向上司提交了一份提案，準備提交給客戶。他花了很多時間準備，但這份提案還是被否決了。

←

B：信念

被上司拒絕後，他想說：「我現在知道要怎麼讓這份提案變得更好了！」

←

C：情緒與行為的結果

然後，他覺得：「可以根據上司的建議修正，做出一份會被客戶採納的提案！」

就像前者的員工X一樣，產生消極結果C（情緒與行為的結果）的信念，就叫「非理性信念」（Irrational Belief）。另一方面，如後者員工Y的例子，產生積極結果C（情緒與行為的結果）的信念，就叫「理性信念」（Rational Belief）（見第222頁）。

仔細想想，如果以員工X進公司半年左右的經驗來說，受到上司的批評是很正常的。員工X把它解釋為「自己能力不夠，不適合做這份工作」是很極端的，客觀來說也是不合理的。

ABC理論的目的就是要把這種非理性信念，導正到合理、積極的方向。就像員工Y先生一樣，創造正向心理，最終達到積極結果。

ABC理論

Acting event
（緣起事件）

Belief
（信念）

Consequence
（情緒與行為的結果）

樣本一

～進公司半年的年輕員工X的案例分析～

A：緣起事件

向上司提交了一份準備給客戶的提案計畫書。花了很多時間準備。卻被上司否決了。

B：信念

花了那麼多時間準備，我果然還是能力不足。

C：情緒與行為的結果

這份工作不適合我，我該換工作了。

樣本二

～進公司半年的年輕員工Y的案例分析～

A：緣起事件

向上司提交了一份準備給客戶的提案計畫書。花了很多時間準備。卻被上司否決了。

B：信念

明白要怎麼讓提案變得更好了！

C：情緒與行為的結果

根據上司的建議修正，做出一份會被客戶採納的提案！

理性信念與非理性信念

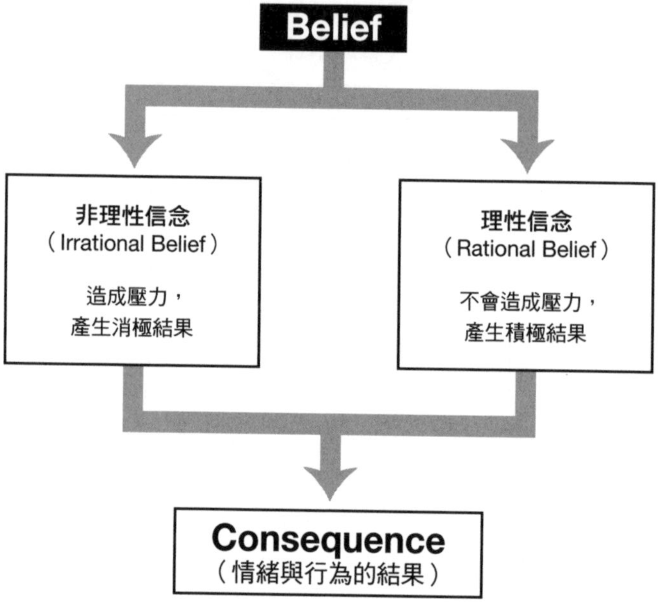
Belief
非理性信念
（Irrational Belief）
造成壓力，
產生消極結果
理性信念
（Rational Belief）
不會造成壓力，
產生積極結果
Consequence
（情緒與行為的結果）

消除「九成的妄想」

▼對某人的印象不佳時，通常會往壞的方向想

在企業組織中，員工或部門之間難免會發生矛盾和衝突。雖然導致衝突的可能性有很多種，但如何理解、解釋對方的言行，可能會使問題放大。以下是一個例子。

A：緣起事件

當我在會議上發言時，同事雙手交叉，不願意與我做眼神交流。

↓

B：信念

他以前曾經在會議上公開反對我的意見。這個同事不尊重我。

↓

C：情緒與行為的結果

我覺得很難和那位同事合作。

但那位同事沒看向你，雙臂交叉抱胸，也不一定是不尊重你。他有可能在仔細聽你的發言，也有可能是他工作上遇到了大麻煩，沒有心思聽你說話。

據說當「非理性信念」增長時，我們就會陷入「九成妄想與一成事實」的狀態。如果我們因為某種原因對某個人的印象不好，就會傾向於用消極的方式解釋事件，容易去想一些不真實的事情。

有時候，員工之間的摩擦和部門之間的矛盾都是由於誤解所導致的。誤解常常也是導致員工、部門無法順利合作的重要原因。

如果想要改善互相不信任、無法順利合作的關係，其中一個解決辦法就是讓雙方認識到「原來都是自己的妄想」。

首先由「催化者」（從客觀角度協調對話的人，catalyzer）介入，雙方先從自己目前的煩惱、困難和努力開始談起，然後互相分享自己對事件的解讀。在這個過程中，雙方的誤會逐漸消除；接著會意識到是自己的妄想讓問題變得更嚴重，於是雙方關係開始改善。這是經常發生的情況。

人們常喊著要改革工作方式，提高生產力，隨之而來的是很多業界都流行導入IT工具。然而當我觀察很多類型的公司後，我覺得提高生產力的本質是要解決這種妄想，改善員工、部門之間的關係。

為了防止成功經驗的黑暗面發生，我從多個角度進行了探討，努力使組織、下屬能夠適應改革時期。

當然改革還有其他必須做的事情。我相信你在讀這本書的時候，已經想到了需要做的事情。希望大家根據自己的實際情況，從做得到的事情開始實踐，為美好的未來打下基礎。

後記

我在昭和時代[1]的經濟起飛時期出生、長大，在平成時代[2]初期開始工作，也就是所謂「泡沫經濟入社[3]」的一員。回顧我在平成時代商業世界中度過的三十年，日本的經濟經歷過幾次艱難時期。

1 西元一九二六～一九八九年。
2 西元一九八九～二〇一九年。
3 約在西元一九八八～一九九二年日本泡沫經濟時，投入職場的世代。

泡沫經濟的崩潰導致了金融機構的整併與關閉，而這又導致了銀行不願意貸款，於是財務體質不良的公司陷入了困境。

就在這段時期，我經歷了某個事件。那是某個星期天，我待在家中，突然有通電話在下午三點打來。當我接起電話，突然有個男人的聲音說：「我還少三十萬日元。」我本來以為是誤撥，仔細聽以後才發現，原來是客戶公司某員工的姐夫打來的。我立刻去了他們公司，聽到他們因銀行不願意貸款而導致財務困難。

隨後，雷曼兄弟（Lehman Brothers）的倒閉更是令人震驚。我想許多讀者當時也為此傷透了腦筋。那時製造業受到的打擊尤其嚴重，我的許多客戶被迫裁員。

然後，我們進入了令和[4]新時代。截至二〇二〇年五月我正在寫後記的這個時間點，由於全球性的新冠病毒災難，經濟活動停滯不前。我們現在面臨的狀況已經超越了雷曼兄弟破產事件。我希望目前的情況能儘快得到解決，但我也相信這種情況將成為時代的轉捩點。

未來的三十年將與平成時代的三十年有著極大的差異。首先，由於出生率全面下降、人口高齡化和人口減少，企業活動的「前提」將發生變化。

在彌生時代[5]，日本的總人口數為五十九萬。鎌倉幕府[6]建立武士政權時有七六〇萬人。當江戶幕府在西元一六〇〇年建立時，總人口數為一二三〇萬，大概是目前總人口數的十分之一。在明治維新[7]的時候，人口數為三三三〇萬。太平洋戰爭結束[8]時為七二〇〇萬。而現在，日本的總人口數約為一億二六〇〇萬。

4 日本自西元二〇一九年開始使用的年號。
5 約西元前十世紀到三世紀中期。
6 西元一一八五～一三三三年。
7 西元一八六八年。
8 西元一九四五年。

日本的人口數一直在持續增長。特別是在二戰後，人口數一口氣增加了五〇〇〇萬。戰爭後人口數增長是一個全球性的現象，但將這種人口數增長視為理所當然的社會現在正迎來分歧點。日本正處於這一趨勢的最前線。

根據對出生人口的中位數預測，二十年後日本的人口數將是一億一〇九〇萬，比目前少了一二%。根據預測，日本的人口數將在三十三年後降至一億以下。此外，到二十一世紀末，預測人口數將低於目前的五〇%，也就是六〇〇〇萬人。這個數字是回到了太平洋戰爭之前的水準。

更大的問題是，十五至六十四歲的勞動年齡人口。二〇二〇年的勞動年齡人口數是七四〇〇萬，但在十年內將降到七〇〇〇萬以下。二十年後預計將降至六〇〇〇萬以下，三十年後預計只剩五二六五萬。

日本在三十年內，也就是跟平成時代一樣長的時間內，將失去大約二一三五萬名工作者和消費核心。順帶一提，這個數字與澳洲的總人口差不多。

而在日本，人口減少的未知情況將不是緩慢發生，而會是迅速發生。日本的許多系統，如老人年金和保險制度，都是建立在人口增加的前提下；但從現在開始，同樣的概念將不再有效。我們將被迫從社會的基礎上做出改革。

而正如微軟公司負責人在新冠病毒災難發生後所說：「原本應該在兩年內發生的數位轉型，在短短兩個月內就加速進行了。」日本在線上和數位化的進度原本相當緩慢，在這波疫情下也毫無疑問地將迅速發展。

美國有一種說法是「危機塑造歷史」（Crisis shape history.）。這句話說的是世界在危機後會發生巨大的變化，危機將大幅地改變經濟和商業活動。

我們將面臨一個自古以來沒有人經歷過的環境。

大多數企業組織將被要求改變他們的商業模式，或者換句話說，打破他們的成功經驗，以新的視角和想法面對市場。

然而人類，特別是日本人，並不善於在問題出現之前為未來的環境變化做好準備及創新。

如果我們繼續以「今天做跟昨天相同的事」、「明天也繼續做跟今天相同的事」的方式來工作和管理，十年或二十年後會發生什麼事？如果我們有一台時光機，帶著公司的人去看將來情況，那我們就會抱著很大的危機感，然後開始走向創新。但這世上並沒有時光機。

那就需要有人成為「第一隻企鵝」（第一隻潛入可能有天敵的海中尋找食物的勇敢企鵝，first penguin），解釋改革的必要性，並帶頭接受挑戰。

如果你拿起這本書並讀到最後，你將可能是將在組織中領導創新的人。我希望本書的內容能幫助你帶領組織和周圍的人朝著正確的方向前進。

最後，我想對所有出現在本書案例研究中的人表示衷心的感謝。儘管由於保密義務，我無法提及他們的名字。此外，本書是基於我個人近三十年諮詢顧問經驗中所獲得的實踐知識。在此我想向所有有幸合作的客戶公司表示最深切的感謝。

二〇二〇年五月

志水 浩

參考文獻

『本業転換』山田英夫、手嶋友希（ＫＡＤＯＫＡＷＡ）
『成功体験はいらない』辻野晃一郎（ＰＨＰ研究所）
『シャープ「企業敗戦」の深層』中田行彦（イースト・プレス）
『日本「半導体」敗戦』湯之上隆（光文社）
《創新的兩難》（*The Innovator's Dilemma*）克雷頓・克里斯汀生（Clayton M. Christensen）著，商周出版，２００７年
「日本経済新聞」２０１９年10月１２日

《失敗的本質：日本軍的組織論研究》戸部良一、寺本義也，致良，2013年
『「超」入門失敗の本質』鈴木博毅（ダイヤモンド社）
『坂の上の雲』司馬遼太郎（文藝春秋）
『経営戦略としての異文化適応力』宮森千嘉子、宮林隆吉（日本能率協会マネジメントセンター）
『学校の「当たり前」をやめた。』工藤勇一（時事通信社）
『言える化』遠藤功（潮出版社）
『0秒経営』星崎尚彦（KADOKAWA）
『よみがえる飛驒の匠』岡田贊三（幻冬舍）
丸井グループ「共創経営レポート」2016年版、2019年版
「日経電子版　出世ナビ」2019年2月21日
『クリティカルシンキング入門篇』E・B・ゼックミスタ、J・E・ジョンソン

（北大路書房）
『クリティカルシンキング実践篇』E・B・ゼックミスタ、J・E・ジョンソン（北大路書房）
『差異力』伊藤嘉明（総合法令出版）
『人口から読む日本の歴史』鬼頭宏（講談社）
「日本の将来推計人口 ｜平成29年推計の解説および条件付推計｜」国立社会保障・人口問題研究所

新商業周刊叢書BW0785

90%的成功經驗都要拋棄！
讓你避開成功帶來的四大陷阱，打造持續創新的商業模式

國家圖書館出版品預行編目（CIP）資料

90%的成功經驗都要拋棄！：讓你避開成功帶來的四大陷阱，打造持續創新的商業模式／志水浩著；尤莉譯. -- 初版. -- 臺北市：商周出版：英屬蓋曼群島商家庭傳媒股份有限公司城邦分公司發行, 2021.11
面； 公分
譯自：成功体験は9割捨てる
ISBN 978-626-318-038-3（平裝）
1. 企業經營 2. 商業管理
494 110016990

原書名／成功体験は9割捨てる
作者／志水 浩
譯者／尤莉
責任編輯／劉芸
版權／黃淑敏、吳亭儀、江欣瑜
行銷業務／周佑潔、林秀津、黃崇華、劉治良、賴正祐

總編輯／陳美靜
總經理／彭之琬
事業群總經理／黃淑貞
發行人／何飛鵬
法律顧問／台英國際商務法律事務所 羅明通律師
出版／商周出版
臺北市104民生東路二段141號9樓
電話：(02) 2500-7008 傳真：(02) 2500-7759
E-mail: bwp.service @ cite.com.tw
發行／英屬蓋曼群島商家庭傳媒股份有限公司 城邦分公司
臺北市104民生東路二段141號2樓
讀者服務專線：0800-020-299 24小時傳真服務：(02) 2517-0999
讀者服務信箱E-mail: cs@cite.com.tw
劃撥帳號：19833503 戶名：英屬蓋曼群島商家庭傳媒股份有限公司城邦分公司
訂購服務／書虫股份有限公司客服專線：(02) 2500-7718；2500-7719
服務時間：週一至週五上午09:30-12:00；下午13:30-17:00
24小時傳真專線：(02) 2500-1990；2500-1991
劃撥帳號：19863813 戶名：書虫股份有限公司
E-mail: service@readingclub.com.tw
香港發行所／城邦（香港）出版集團有限公司
香港灣仔駱克道193號東超商業中心1樓
電話：(852) 2508-6231 傳真：(852) 2578-9337
馬新發行所／城邦（馬新）出版集團
Cite (M) Sdn. Bhd.
41, Jalan Radin Anum, Bandar Baru Sri Petaling, 57000 Kuala Lumpur, Malaysia.
電話：(603) 9057-8822 傳真：(603) 9057-6622 E-mail: cite@cite.com.my

封面設計／黃宏穎
印刷／韋懋實業有限公司
經銷商／聯合發行股份有限公司 電話：(02) 2917-8022 傳真：(02) 2911-0053
地址：新北市新店區寶橋路235巷6弄6號2樓

■2021年11月11日 初版1刷

Printed in Taiwan

Original Japanese title: SEIKOUTAIKEN HA 9 WARI SUTERU by Hiroshi Shimizu

Original Japanese edition published by ASA Publishing Co., Ltd.
Traditional Chinese translation rights arranged with ASA Publishing Co., Ltd.
through The English Agency (Japan) Ltd. and AMANN CO., LTD.

定價320元 港幣107元

ISBN：9786263180383（平裝） ISBN：9786263180352 (EPUB)